Ibrahima Ouibga

O empreendedorismo agrícola nas escolas: o caso do CEG de Bassemyam

AF671268

Ibrahima Ouibga

O empreendedorismo agrícola nas escolas: o caso do CEG de Bassemyam

ScienciaScripts

Imprint
Any brand names and product names mentioned in this book are subject to trademark, brand or patent protection and are trademarks or registered trademarks of their respective holders. The use of brand names, product names, common names, trade names, product descriptions etc. even without a particular marking in this work is in no way to be construed to mean that such names may be regarded as unrestricted in respect of trademark and brand protection legislation and could thus be used by anyone.

Cover image: www.ingimage.com

This book is a translation from the original published under ISBN 978-620-6-72327-1.

Publisher:
Sciencia Scripts
is a trademark of
Dodo Books Indian Ocean Ltd. and OmniScriptum S.R.L publishing group

120 High Road, East Finchley, London, N2 9ED, United Kingdom
Str. Armeneasca 28/1, office 1, Chisinau MD-2012, Republic of Moldova, Europe
Printed at: see last page
ISBN: 978-620-8-32747-7

Copyright © Ibrahima Ouibga
Copyright © 2024 Dodo Books Indian Ocean Ltd. and OmniScriptum S.R.L publishing group

DEDICAÇÃO

À nossa esposa Samiratou KABORE,

Pelo seu amor infinito e apoio inestimável.

AGRADECIMENTOS

Gostaríamos de expressar a nossa gratidão:

- Ao Dr. Dieudonné TIBIRI por ter supervisionado esta tese de mestrado, e a todos os professores do Instituto Internacional de Gestão em Ouagadougou pela formação que recebemos;
- o pessoal do Serviço de Cooperação Suíça no Burkina Faso para os diferentes projectos co-financiados;
- ao Sr. Panoussa COMPAORE por ter defendido a causa do Collège d'Enseignement Général (CEG) de *Bassemyam* junto da Cooperação Suíça;
- Damas ZOURE, pelo seu papel de consultor no projeto de desenvolvimento do espírito empresarial no CEG de *Bassemyam*;
- o pessoal e os estudantes do CEG *de Bassemyam*, pelo seu envolvimento;
- A si, Jules WIBGA, à Sra. Véronique OUIBGA, nascida SIMPORE, e a Boureima OUIBGA, agradecemos o vosso apoio e encorajamento;
- à nossa irmã Awa KARAMBIRI née OUIBGA pelo seu apoio moral;
- a Olivier A. OUIBGA, Adama SANFO e aos nossos outros irmãos e irmãs;
- Aos nossos amigos Emmanuel W. SAVADOGO, Boukaré KIEMA, Badiel Roland e Amidou KABORE pela sua orientação, motivação, trabalho árduo e apoio inestimável.

AVISO

Qualquer reprodução total ou parcial, por qualquer meio, das páginas publicadas neste documento, sem autorização do autor, é ilegal e constitui uma infração. Só são autorizadas as reproduções reservadas ao uso privado do copista e não destinadas a uso coletivo, bem como as citações justificadas pelo carácter científico ou informativo da obra em que se integram.

As opiniões expressas neste relatório são da responsabilidade do autor e não representam de forma alguma o ponto de vista do grupo BK-Université ou das suas instituições.

PREÂMBULO

O Mestrado Profissional exige a apresentação de uma dissertação aprovada por um júri constituído no seio do Institut International de Management. A defesa de um trabalho intelectual perante um júri é uma exigência do Ministério do Ensino Superior, da Investigação e da Inovação. De acordo com esta tradição, escolhemos o tema : "Contribuição da Cooperação Suíça para a promoção do empreendedorismo agrícola no CEG de *Bassemyam* na comuna rural de *Komsilga*". A escolha deste tema reflecte a nossa vontade de refletir sobre a promoção do empreendedorismo agrícola entre os jovens.

Para realizar este trabalho, começámos por recolher documentos relativos ao empreendedorismo agrícola que nos pudessem interessar (dissertações, obras gerais, artigos, leis, decretos, etc.). Em seguida, realizámos um trabalho de campo, que consistiu na recolha de dados através de entrevistas com os gestores e de um questionário enviado aos funcionários que nos podiam fornecer informações. Isto permitiu-nos obter as informações necessárias para analisar os dados recolhidos. Por fim, redigimos a nossa dissertação após a análise dos dados recolhidos e analisados, com o objetivo de dar o nosso contributo para a promoção do empreendedorismo agrícola nas escolas e nas zonas rurais.

LISTA DE ACRÓNIMOS E ABREVIATURAS

APE : Associação de Pais

CEG : Colégio de Ensino Geral

CNRTL: Centro Nacional dos Recursos Textuais e Lexicais **CNS-BF** Conseil National de la Statistique du Burkina Faso **CVD** : Comité Villageois de Développement (Comité de Desenvolvimento das Aldeias)

SDC Agência Suíça para o Desenvolvimento e a Cooperação

EPSEducador Físico e Desportivo

FAO Organização das Nações Unidas para a Alimentação e a Agricultura

IFFAfrique Instituto de Formação Fondacio Afrique

INSEE Instituto Nacional de Estatística e Estudos Económicos

MDAEP Ministério do Desenvolvimento, Análise Económica e Previsão

OFE Observatório Económico da Francofonia

OITOrganização Internacional do Trabalho

ONG organização não governamental

PAPEA Programa de Apoio à Promoção do Empreendedorismo Agrícola

PNUD Programa das Nações Unidas para o Desenvolvimento

PPEA: Projeto de Promoção do Empreendedorismo Agrícola

RGPH Recenseamento Geral da População e da Habitação

SECO Secretaria de Estado dos Assuntos Económicos

SNV Stichting Nederlandse Vrijwilligers/Foundation des Volontaires Néerlandais

RESUMO

O estudo da contribuição da Cooperação Suíça para a promoção do empreendedorismo agrícola inscreve-se no âmbito do apoio aos alunos e às comunidades rurais do Burkina Faso nos sectores da educação, da formação e do desenvolvimento local. Quais são então as principais iniciativas empreendidas pela Cooperação Suíça para promover o empreendedorismo agrícola no âmbito do CEG de uma comuna rural?

? O objetivo do estudo é avaliar a eficácia da Cooperação Suíça na promoção do empreendedorismo agrícola na comuna rural de *Komsilga*, nomeadamente no CEG de *Bassemyam*. O objetivo deste estudo é identificar as medidas específicas tomadas pela Cooperação Suíça para apoiar o empreendedorismo agrícola, bem como examinar o impacto dos resultados desta cooperação nos alunos, por um lado, e nas autoridades locais, por outro. Os resultados dos inquéritos de campo mostraram que a pobreza e o desemprego são um travão à expansão das populações, em particular dos jovens, daí a nossa hipótese principal, que afirma que as actividades realizadas pela Cooperação Suíça na comuna rural de *Komsilga* contribuíram para a promoção do empreendedorismo agrícola no CEG de *Bassemyam* e para o reforço das capacidades das comunidades locais.

<u>Palavras-chave</u>: Cooperação-Promoção-Empreendedorismo-Agricultura.

RESUMO

O estudo da Contribuição da Cooperação Suíça para a promoção do empreendedorismo agrícola inscreve-se no quadro da valorização do apoio aos estudantes e às comunidades rurais do Burkina Faso nos sectores da educação, da formação e do desenvolvimento local. Quais são as principais iniciativas empreendidas pela Cooperação Suíça para promover o crescimento do empreendedorismo agrícola no seio do CEG de um município rural? O objetivo do estudo realizado é avaliar a eficácia da Cooperação Suíça na promoção do empreendedorismo agrícola na comuna rural de Komsilga, em particular no CEG de Bassemyam. A ambição deste estudo é identificar as medidas específicas adoptadas pela Cooperação Suíça para apoiar o empreendedorismo agrícola, mas também examinar o impacto dos resultados desta Cooperação nos estudantes, por um lado, e nas autoridades locais, por outro. Os resultados das investigações no terreno permitiram constatar que a pobreza e o desemprego são um travão à expansão das populações, em particular dos jovens, daí a nossa hipótese principal que afirma que as actividades realizadas pela Cooperação Suíça na comuna rural de Komsilga contribuíram para a promoção do empreendedorismo agrícola no CEG de Bassemyam e para o reforço das capacidades das comunidades locais.

<u>Palavras-chave</u>: Cooperação-Promoção-Empreendedorismo-Agrícola.

ÍNDICE

INTRODUÇÃO

O Burkina Faso é um país sudano-saheliano da África Ocidental que, apesar do início de uma transição demográfica, continua a ter uma elevada taxa de natalidade de 39,4, o que significa que a sua população está a crescer rapidamente (RGPH, 2019). Este estado de coisas, como uma serpente marinha, coloca problemas agudos como a segurança alimentar, a qualidade nutricional e a empregabilidade da população, especialmente dos jovens. A segurança alimentar, a qualidade nutricional e a empregabilidade são objectivos permanentes de desenvolvimento, cuja realização no Burkina Faso continua a ser gravemente dificultada pela combinação endémica de vários factores. Os corolários desta situação são o aumento do desemprego e os desequilíbrios alimentares.

De acordo com o relatório final do programa nacional de saúde, higiene e nutrição escolar do Programa de Desenvolvimento Estratégico da Educação Básica PDSEB (2017, p. 25), o desequilíbrio nutricional é hoje um problema de saúde pública que afecta as políticas de desenvolvimento do país. Com efeito, 7,9% das crianças em idade escolar sofrem de desnutrição aguda ou de emaciação, 12% de desnutrição crónica e 11,7% de baixo peso. A desnutrição ameaça, portanto, a faixa etária jovem, em particular os menores de 15 anos, que representam 48% da população, e é a causa de muitos problemas escolares, incluindo principalmente doenças ligadas a deficiências nutricionais, absentismo, abandono escolar precoce e maus resultados, de acordo com o relatório do PDSEB (2017, *op.cit.*, p. 20).

Uma nutrição e uma educação satisfatórias são, por conseguinte, essenciais para o desenvolvimento das crianças e para os seus futuros meios de subsistência. Estas prioridades estão reflectidas no primeiro e segundo Objectivos de Desenvolvimento do Milénio. No entanto, para milhões de crianças, estes objectivos estão longe de ser alcançados. As crianças que vão para a escola com fome não conseguem aprender bem. A sua atividade física, capacidade intelectual e resistência às infecções estão diminuídas. No entanto, a economia do país baseia-se essencialmente na agricultura. Mas esta atividade principal ainda não é capaz de cobrir adequadamente as necessidades de segurança alimentar da população e de gerar um tipo de assalariado agrícola. Esta situação deve-se aos riscos naturais, a técnicas e métodos agrícolas ultrapassados e, sobretudo, ao baixo nível de desenvolvimento do espírito empresarial agrícola.

Para reduzir o impacto deste problema nacional, o Ministério da Educação Nacional, Alfabetização e Promoção das Línguas Nacionais, para além do seu papel primordial de instruir, formar e educar, está empenhado em promover actividades extracurriculares como as hortas escolares. Isto porque o ensino geral, na sua forma atual, com os seus longos ciclos de formação, coloca o grave problema da empregabilidade dos alunos. Enquanto se aguarda a aplicação efectiva e a difusão das reformas empreendidas, e perante o problema do desemprego recorrente, é oportuno, de acordo com a situação atual, introduzir os alunos no empreendedorismo agrícola e na educação financeira, com vista a encorajá-los a tornarem-se trabalhadores por conta própria, contribuindo ao mesmo tempo para os fixar nas suas comunidades.

Para realizar a nossa reflexão sobre a contribuição da Cooperação Suíça na promoção do empreendedorismo agrícola no CEG de *Bassemyam*, na comuna rural de *Komsilga*, dividimos o nosso trabalho em duas partes principais, com dois capítulos por parte. A primeira parte intitula-se "Quadro teórico e revisão da literatura". Nesta parte, faremos, por um lado, uma abordagem de definição dos conceitos essenciais para facilitar a compreensão do nosso objeto de estudo. Em segundo lugar, faremos uma revisão da literatura para abordar os trabalhos que abundaram sobre o tema da cooperação e do empreendedorismo agrícola no meio rural. Também destacaremos o quadro institucional e apresentaremos a Cooperação Suíça, o CEG de *Bassemyam* e a área de estudo. A segunda parte do nosso documento intitula-se "Metodologia de investigação e análise dos resultados". Esta segunda parte trata do quadro metodológico e analítico do estudo. O quadro metodológico define a abordagem científica adoptada para a recolha de dados e o quadro analítico, e permite analisar e interpretar os resultados.

PRIMEIRA PARTE: ENQUADRAMENTO TEÓRICO E REVISÃO DA LITERATURA

A primeira parte do nosso estudo é consagrada a uma apresentação das questões de investigação, dos objectivos e das hipóteses, a uma abordagem de definição dos conceitos-chave do tema e a uma revisão da literatura. A abordagem definicional permite-nos explicar os termos-chave do tema (cooperação, promoção, empreendedorismo e empreendedorismo agrícola, município rural) para os compreender melhor. Isto facilita a sua compreensão e evita qualquer confusão. Além disso, será efectuada uma revisão da literatura para ver os vários escritos relacionados com o nosso tema de investigação.

Centrar-nos-emos em autores e escritos relacionados, em primeiro lugar, com a cooperação para o desenvolvimento, em segundo lugar, com a promoção do empreendedorismo agrícola e, em terceiro lugar, com o empreendedorismo agrícola e a sua contribuição para o desenvolvimento rural. Trataremos das generalidades sobre a Cooperação Suíça, o CEG de *Bassemyam* e a área de estudo. Estes dois capítulos permitir-nos-ão situar a nossa investigação, marcar o terreno de compreensão e evidenciar a nossa questão: a contribuição da Cooperação Suíça para a promoção do empreendedorismo agrícola no CEG de *Bassemyam*, na comuna rural de *Komsilga*.

CAPÍTULO I
ENQUADRAMENTO TEÓRICO E REVISÃO DA LITERATURA

O enquadramento teórico diz respeito às questões de investigação, aos objectivos e às hipóteses, que constituem os pré-requisitos do nosso estudo. A análise dos conceitos fornece uma explicação dos termos essenciais do nosso objeto de investigação. Para nós, trata-se de adotar uma abordagem de definição, fornecendo elementos de compreensão para os conceitos-chave do tema. Os termos centrais que vamos explicar facilitarão a compreensão do nosso trabalho e evidenciarão o nosso objetivo de investigação. Além disso, a explicação dos conceitos-chave ajudar-nos-á a definir melhor a nossa questão e a compreender melhor o nosso estudo. Os conceitos a definir são os seguintes: cooperação, promoção, empreendedorismo e empreendedorismo agrícola, comunidade rural. Após estes elementos, apresentamos as duas instituições envolvidas no nosso trabalho (o quadro institucional) e *Bassemyam*, a zona de estudo.

I.1. O QUADRO TEÓRICO

A promoção do empreendedorismo agrícola numa escola pós-primária como o CEG de *Bassemyam* é uma iniciativa que contribuirá para reduzir os constrangimentos (duração dos ciclos, abandono e insucesso escolar precoce, subnutrição, falta de motivação dos alunos, etc.) que, de um modo geral, dificultam o desenvolvimento das escolas do Burkina Faso. Então, como reduzir estes constrangimentos numa escola como o Collège d'Enseignement Général (CEG) de *Bassemyam*?

1.1.1. Problematização do estudo

A procura de soluções possíveis para as dificuldades acima referidas levou os membros da comunidade educativa do CEG *de Bassemyam* a abordar o Serviço de Cooperação Suíça, que teve a amabilidade de responder favoravelmente à sua abordagem, criando um projeto para promover o empreendedorismo agrícola. A ideia é criar uma plataforma de aprendizagem através de uma exploração agrícola escolar. Em seguida, fazer do CEG *de Bassemyam* uma escola-piloto para introduzir os alunos no empreendedorismo e na educação financeira (Sol-Vert, 2022). O projeto envolveu alunos, professores e pais em avicultura, agroflorestação e agroecologia (ver fotografias nos anexos XVII e XVIII).

O projeto conduziu a uma forte colaboração entre a comunidade educativa e as autoridades locais. O CEG de *Bassemyam* tornou-se num laboratório ao ar livre onde os alunos podem aprender sobre o empreendedorismo de uma forma prática e até experimental. É à luz desta observação que orientamos a nossa investigação sobre a contribuição da cooperação suíça para o CEG de *Bassemyam* através da seguinte questão: qual é a contribuição da cooperação suíça para a promoção do empreendedorismo agrícola no CEG de *Bassemyam?*

? Esta questão principal conduz às seguintes questões secundárias: Quais são as principais iniciativas empreendidas pela cooperação suíça para promover o empreendedorismo agrícola no CEG de um município rural? As actividades agrícolas levadas a cabo pela cooperação suíça contribuíram para melhorar as competências empresariais dos beneficiários? Quais são os objectivos do presente estudo?

1.1.2. Objectivos do estudo

O objetivo deste estudo é analisar a contribuição da Cooperação Suiça na promoção do empreendedorismo agrícola na comuna rural de *Komsilga*, em particular no CEG de *Bassemyam*. Para além disso, o nosso estudo visa identificar as iniciativas específicas tomadas pela Cooperação Suiça para promover o empreendedorismo agrícola na comuna rural de *Komsilga*. Além disso, estudaremos o impacto das actividades da cooperação suíça sobre as competências empresariais adquiridas pelas comunidades locais e sobre o seu bem-estar económico e social.

1.1.3. Hipóteses de estudo

Tendo em conta as questões de investigação e os objectivos destacados, formulamos as seguintes hipóteses para orientar a nossa investigação e compreender o envolvimento da Cooperação Suiça na comuna rural de *Komsilga*. A nossa hipótese principal afirma que as actividades desenvolvidas pela Cooperação Suiça na comuna rural de *Komsilga* contribuíram para a promoção do empreendedorismo agrícola no CEG de *Bassemyam* e para o reforço das capacidades das autoridades locais. Esta hipótese principal dá origem às seguintes hipóteses secundárias: a cooperação suiça facilitou o acesso dos alunos a uma formação adequada, a recursos técnicos e a oportunidades de mercado e de rendimento. A nossa segunda hipótese secundária afirma que a cooperação suíça contribuiu para melhorar as competências empresariais dos beneficiários e o seu bem-estar económico e social. É útil concetualizar os termos-chave do estudo, a fim de eliminar qualquer ambiguidade quanto à forma como são utilizados ao longo da análise.

I.1.4. Conceptualização do estudo

Definir os principais conceitos do estudo é um exercício bastante importante, que permite clarificar a utilização de certas expressões específicas do nosso contexto de estudo. O objetivo desta secção é colocar os potenciais leitores no mesmo nível de compreensão no que diz respeito à utilização de certas expressões cujo significado pode não ser familiar ou pode variar de uma região para outra, dependendo do vocabulário utilizado. Estas expressões incluem: Cooperação, Promoção, Empreendedorismo Agrícola, Comuna Rural.

I.1.4.1. Cooperação

O Centre National des Ressources Textuelles et Lexicales (CNRTL 2012) define a cooperação como a ação de participar, com uma ou mais pessoas, num trabalho ou numa ação comum. Com efeito, a cooperação é uma espécie de ajuda, de entreajuda ou mesmo de acordo entre os membros de um grupo ou de uma associação com vista a um objetivo comum. Além disso, pode dizer-se que é um método de ação através do qual pessoas com interesses comuns se unem para obter lucros. Para tal, cada membro ou parte interessada é investido de uma responsabilidade, de uma missão e/ou de um direito sobre as actividades a realizar.

Daouda Ouattara (2020, p. 8.), na sua tese de mestrado, descreve a cooperação como :

> "Um estado de espírito e um modo de comportamento em que os indivíduos conduzem as suas relações e intercâmbios de uma forma não conflituosa ou não competitiva, procurando formas adequadas de analisar as situações de uma forma partilhada e trabalhando em conjunto no mesmo espírito para alcançar fins comuns ou fins aceitáveis para todos. É uma política de entendimento e de intercâmbio entre dois países".

Para Marcel Pariat (2016), a cooperação é um conjunto de actividades que permite às pessoas estabelecerem relações com outras. Promove um clima de confiança e de respeito mútuo. Tem também como objetivo desenvolver competências e atitudes que promovam a confiança, o diálogo e a comunicação, entre outros aspectos. José Antonio Alonso e Jonathan Glennie (2015) entendem a cooperação como uma ação de desenvolvimento.

Para o efeito, apresentam a cooperação como um trunfo para o desenvolvimento. Para eles, a cooperação desenvolve-se a três níveis. Em primeiro lugar, trata-se de transferências financeiras. Em segundo lugar, está relacionada com o reforço das capacidades. Em terceiro lugar, coloca a tónica na mudança de políticas. O aspeto do reforço das capacidades é o que se enquadra na dinâmica do nosso pensamento, assim como o termo promoção.

I.1.4.2. Promoção

O CNRTL (2012) define a promoção como a realização de um projeto, a criação de uma coisa. Consiste em provocar o desenvolvimento de uma coisa. Ajuda a facilitar o seu sucesso através da realização de uma série de actividades. No âmbito de um projeto, a promoção contribui para dar visibilidade ao projeto, para o tornar mais visível, para favorecer o seu desenvolvimento e para garantir o seu bom funcionamento.

Fiches Pratiques Chef d'Entreprise (https://fiches-pratiques.chefdentreprise.com, 2016) define a promoção como a ação de promover algo, uma atividade ou uma organização. A promoção é essencial para o desenvolvimento de qualquer estrutura. Para tal, a ação de promover incentiva o desenvolvimento de uma multiplicidade de estratégias, a construção de uma imagem de marca e reputação, o desenvolvimento da comunicação, a expansão de parcerias, o alargamento da sua rede, e o investimento humano, material e financeiro.

No contexto do nosso tema, a promoção está ligada ao espírito empresarial, nomeadamente nas zonas rurais. Tem por objetivo a formação e o apoio às explorações agrícolas. A este respeito, o Référentiel de formation " Entreprenariat Agricole ", *Guide du formateur en entreprenariat agricole* (Duddal, 2023), indica que a promoção empresarial visa colmatar as lacunas e atingir eficazmente os objectivos. É uma forma de apoio aos produtores e produtoras de uma exploração agrícola com vista a uma gestão mais racional das suas explorações. Isto conduz a maiores lucros e contribui para o dinamismo.

I.1.4.3. Empreendedorismo agrícola

Saiba Bakouan et al (2020) definem o empreendedorismo como o ato de empreender e desenvolver um projeto. Nassera Jouhari (2017) indica que o termo é regularmente utilizado para indicar a criação de uma atividade económica para satisfazer uma necessidade, uma expetativa ou para atingir um objetivo específico. Convém igualmente recordar que o termo empreendedorismo é muito amplo.

Para o efeito, a SumUp (https://www.sumup.com/en-en/business-guide/faq-familiarise-yourself-with-sum-up/2020) engloba diferentes tipos de empreendedorismo, incluindo : empreendedorismo ex-nihilo (criação de uma nova empresa), aquisição de empresas (compra de uma empresa), intraempreendedorismo (gestão de uma atividade económica dentro da mesma empresa), extraempreendedorismo (empregados de uma empresa que criam a sua própria empresa), empreendedorismo de franchising (criação de uma empresa sob a alçada de uma empresa-mãe), auto-empreendedorismo (autoemprego como quadro de atividade económica), empreendedorismo público (criação de empresas públicas), empreendedorismo social (criação de empresas que desenvolvem actividades económicas de natureza social).

Estamos interessados no empreendedorismo social. Faz parte do nosso tema de reflexão sobre a contribuição da cooperação suíça na promoção do empreendedorismo agrícola numa comuna rural. O empreendedorismo agrícola na comuna rural de *Komsilga* é semelhante ao trabalho social. É uma empresa e até uma iniciativa de criação agrícola. Bobby Juuko (2022) em "Entrepreneuriat agricole" apresenta o empreendedorismo agrícola como uma chave para desenvolver o potencial das zonas rurais no continente africano. Por fim, o IFFAfrique (2024), o Instituto de Formação Fundação África, refere-se ao empreendedorismo agrícola em termos do seu potencial económico e social para as populações rurais.

I.1.4.5. Concelho rural

O Institut National de la Statistique et des Etudes Economiques (INSEE 2022) define as comunas como sendo de dimensão muito variável. O INSEE indica que algumas delas podem parecer pouco povoadas ou, pelo contrário, densamente povoadas, embora as suas populações sejam de dimensão comparável. São as chamadas comunas densamente povoadas, comunas de densidade intermédia, comunas pouco povoadas e comunas muito pouco povoadas. As duas primeiras (densamente povoadas e de densidade intermédia) correspondem à zona urbana, às comunas urbanas. Por outro lado, as duas últimas (pouco povoadas e muito pouco povoadas) referem-se às zonas rurais e aos municípios rurais.

Xavier Browaeys e Paul Chatelain (2011) contrapõem a comuna rural à comuna urbana para as diferenciar mais claramente. Para eles, a comuna rural está mais ligada ao campo, à aldeia. É um ambiente tranquilo, menos ruidoso e propício à agricultura e à criação de gado. A comuna urbana, pelo contrário, é vista como uma cidade, um centro urbano, uma aglomeração. Contrasta com a primeira (comuna rural) devido à sua intensa atividade, densidade, mobilidade da população, diversas infra-estruturas e estradas modernas.

O Conseil National de la Statistique du Burkina Faso (CNS-BF 2009) define uma comuna rural como um conjunto de aldeias com uma população de pelo menos 5 000 habitantes, cujas actividades económicas geram recursos orçamentais próprios anuais de pelo menos cinco (5) milhões de francos CFA. Acrescentou ainda que o meio rural representa todas as localidades que não fazem parte do meio urbano. Por fim, Moussa Ouédraogo et al (2009), em *Les capacités des communes rurales au Burkina Faso*, descreve a comuna rural como uma zona com elevado potencial económico, mas com baixo rendimento económico e constrangimentos ao desenvolvimento.

I.2. QUADRO INSTITUCIONAL

Esta secção centra-se na apresentação da Cooperação Suíça e do CEG de *Bassemyam*, situado na comuna rural de *Komsilga*. Vamos falar deste parceiro do CEG (a Cooperação Suíça) através do seu envolvimento na governação e na democracia, da sua presença na educação básica e na formação profissional, da sua contribuição para o desenvolvimento económico local e da sua atividade na comuna rural de *Komsilga* através do CEG de *Bassemyam*.

I.2.1. Informações gerais sobre a cooperação suíça

Esta subsecção analisa as abordagens e os parceiros da cooperação suíça para o desenvolvimento e discute esta cooperação em termos de governação e democracia. Mostra também o impacto desta cooperação em termos de educação básica e de formação profissional. Por fim, indica a sua contribuição para o desenvolvimento económico local.

I.2.1.1. A abordagem da Cooperação Suíça

Daouda Ouattara (2020, *op.cit.*, p. 70) diz-nos que as relações entre a Suíça e o Burkina Faso estão entre as parcerias mais antigas que o país estabeleceu desde 1961 (ver organigrama na página 13). Em 1969, foi assinado um acordo bilateral sobre o comércio, a proteção dos investimentos e a cooperação, alterado em 1978, seguido, em 2006 e 2009, de acordos de cooperação técnica e de ajuda orçamental para melhorar a eficácia.

Em 1974, a Suíça reforçou a sua presença no Burkina Faso com a abertura do Gabinete da Cooperação Suíça em Ouagadougou (ver organigrama da Suíça no Burkina Faso no Anexo X). A partir de 1976, a Cooperação Suíça empenhou-se em apoiar os agricultores e os criadores de gado, bem como os microempresários. Desde 1994, a Secretaria de Estado dos Assuntos Económicos (SECO) presta apoio orçamental geral e assistência técnica aos esforços económicos do governo do Burkina Faso. Desde então, a cooperação tem sido ininterrupta. Para enfrentar eficazmente os desafios que o país enfrenta, a Suíça combina de forma coerente as suas intervenções humanitárias, os seus programas de desenvolvimento e o seu empenhamento na promoção da paz e na prevenção da violência (SDC, 2021).

A cooperação suíça inscreve-se assim na dinâmica de apoio às populações locais. Apoia-as no âmbito de um processo nacional de apoio às políticas públicas, tendo um impacto no ambiente e nas condições de vida das populações (SDC, 2021). É por isso que presta ajuda humanitária às populações mais vulneráveis (SDC, 2021). Desde 2019, com o contexto de insegurança prevalecente no Burkina Faso, a Cooperação Suíça tem trabalhado ao lado do governo burquinense para facilitar a resolução de conflitos, manter os ganhos de desenvolvimento e reduzir as dificuldades enfrentadas pela população através da agricultura, particularmente do empreendedorismo agrícola (Local news, 2022). A cooperação suíça também trabalha para apoiar o Burkina Faso em vários sectores, incluindo a governação, a educação, a formação, a cultura e o desenvolvimento local.

I.2.1.2. Cooperação Suíça para a Governação e a Democracia

A cooperação suíça trabalha para reforçar as competências dos actores locais, centrando-se nas questões da governação, da descentralização e da cidadania. Apoia o desenvolvimento e a gestão das infra-estruturas de mercado, de água e de acesso e favorece a emergência de serviços públicos sustentáveis e de qualidade.

Nos últimos quatro anos, o seu apoio permitiu construir duzentas e vinte e uma (221) infra-estruturas de grande dimensão que beneficiaram cerca de dois (2) milhões de pessoas e estimularam o desenvolvimento de uma mão de obra local, incluindo vinte mil (20.000) pessoas para a construção de caminhos rurais. A Cooperação Suíça também promove o diálogo entre a sociedade civil e as autoridades. Apoia os meios de comunicação social, incluindo quase vinte e cinco (25) estações de rádio comunitárias que cobrem 75% do país. Este apoio aos meios de comunicação social contribui para reforçar a produção e a difusão de informações fiáveis e de qualidade (SDC, 2021).

I.2.1.3. Cooperação Suíça para a Educação e Formação

A cooperação suíça para o desenvolvimento está ao serviço do ensino básico e da formação profissional porque trabalha para um sistema de ensino e de formação de qualidade e acessível a todos. Para o efeito, contribui através de diversas ofertas para melhorar a qualidade do ensino. Neste domínio, a cooperação suíça distingue-se por :

- formação de professores ;
- a criação de materiais didácticos ;
- alternativas ao sistema escolar formal para crianças e adultos que não tiveram acesso à educação;

- formação profissional em colaboração com as associações profissionais, o sector privado e os serviços públicos regionais;
- continuidade educativa para as crianças deslocadas pela insegurança.

Em quatro anos, esta cooperação permitiu que quinze mil (15.000) pessoas que abandonaram a escola, 50% das quais são raparigas, tivessem acesso ao ensino básico e à formação profissional em profissões agro-silvo-pastoris. É também importante referir que, desde 2017, o compromisso da Cooperação Suíça permitiu que cerca de oitocentas e setenta e cinco mil (875.000) crianças que fugiram das suas aldeias por razões de insegurança pudessem frequentar a escola num ambiente protetor (SDC, 2021).

I.2.1.4. Cooperação suíça para o desenvolvimento económico local

A Cooperação Suíça contribuiu para reforçar a economia local através de acções que promovem a segurança alimentar. Para o efeito, construiu numerosas infra-estruturas comunitárias. A foto 1 acima mostra um exemplo no CEG *de Bassemyam.*

Foto 1: Infra-estruturas construídas pela Cooperação Suíça no CEG de *Bassemyam*

Fonte: OUIBGA Ibrahima, dezembro de 2023.

O mesmo se aplica à promoção do emprego, do trabalho independente e do rendimento das populações rurais. Para melhorar os rendimentos dos agricultores e criar empregos (nomeadamente para os jovens e as mulheres), a cooperação suíça apoia a modernização das explorações familiares em diversos sectores:

- CULTIVO DE ARROZ ;
- horticultura de mercado ;
- produtos florestais não lenhosos ;
- Sectores da pecuária e dos produtos animais.

A cooperação suíça baseia-se no facto de que uma melhor produção, uma boa transformação e uma comercialização bem sucedida dos produtos agrícolas melhoram a rentabilidade das explorações familiares e, por sua vez, reforçam a segurança alimentar. Para o efeito, o apoio da Cooperação Suíça melhorou, em apenas quatro (4) anos, os meios de subsistência de quase seiscentos e vinte e cinco mil (625.000) trabalhadores, 60% dos quais são mulheres.

Em suma, o apoio da cooperação suíça às organizações de agricultores reforça as suas capacidades de negociação e permite aos produtores rurais influenciar as políticas nacionais (SDC, 2021). O que podemos dizer do CEG de *Bassemyam*, uma instituição beneficiária empenhada em promover o empreendedorismo agrícola?

I.2.2. Informações gerais sobre o CEG *Bassemyam*

O CEG, Collège d'Enseignement Général, que se dedica à promoção do espírito empresarial agrícola, tem o nome da localidade: CEG de *Bassemyam*. Como os outros CEGs do Burkina Faso, o CEG *de Bassemyam* tem um diretor administrativo e um corpo docente. O corpo docente é composto por professores das seguintes disciplinas: francês, inglês, história-geografia, matemática, ciências físicas e EPS (Educateur Physique et Sportif).

A particularidade dos CEG do Burkina Faso é o facto de serem constituídos principalmente por turmas do primeiro ciclo: sexto, quinto, quarto e terceiro. Trata-se de uma população jovem, motivada e desejosa de aprender (A. Zongo, 2021). A visão da Cooperação Suíça no CEG de *Bassemyam*, na comuna rural de *Komsilga*, é garantir que cada aluno do CEG possa satisfazer as suas necessidades básicas e desenvolver a autoestima necessária para a sua realização pessoal através de actividades agrícolas (ver foto nº 2, p. 16).

Ao promover o empreendedorismo agrícola, o objetivo é contribuir para melhorar as condições de vida a longo prazo e, por sua vez, reduzir a pobreza e o desemprego entre os jovens, especialmente nas zonas rurais. De acordo com A. Zongo (2021), o projeto de cooperação suíça com o CEG de *Bassemyam* inscreve-se no âmbito de um esforço de apoio aos jovens e às autoridades locais para promover o desenvolvimento económico local através do empreendedorismo agrícola.

Foto 2: Alunos e professores no jardim do CEG *Bassemyam*

Fonte: OUIBGA Ibrahima, dezembro de 2023.

I.2.3. Informações gerais sobre a zona de estudo

Bassemyam ou *Bassiyam* é uma cidade da região central do Burkina Faso. Situa-se no departamento de *Komsilga*, na província de *Kadiogo*, a cerca de dez quilómetros da capital, na estrada *Ouagadougou-Saponé* (ver mapa 1, página 17). [ème]De acordo com o Fichier des localités du 5 Recensement Général de la Population et de l'Habitat RGPH (2019, p. 67), a sua população foi estimada em 2 809 habitantes.

Mapa 1: Localização de *Bassemyam* na comuna rural de *Komsilga*

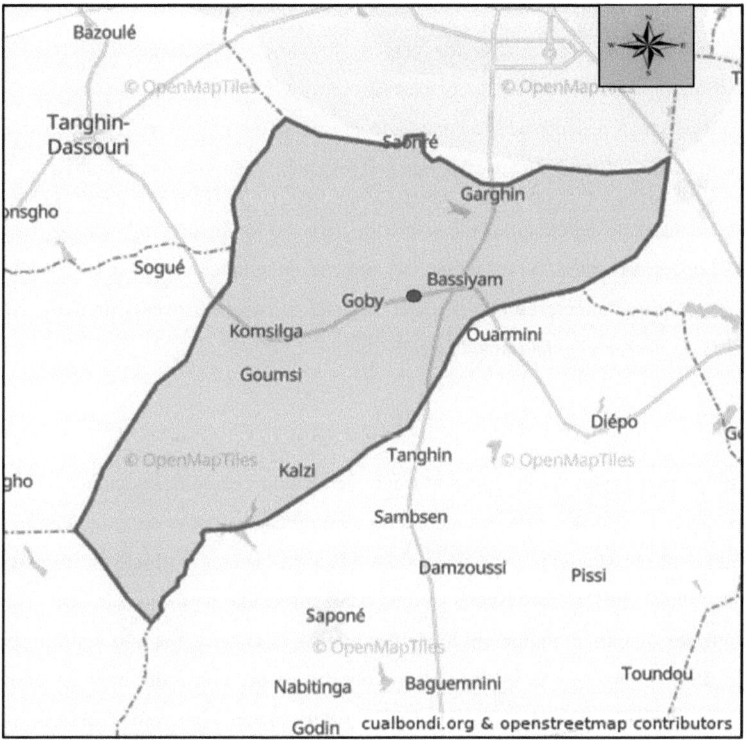

Legenda:

● : *Bassemyam*

▬ Município rural *de Komsilga* :

Fonte : https://cualbondi.org/bf/a/r5675754/komsilga/#google_vignette

A atividade económica de *Bassemyam* baseia-se essencialmente na agro-pastorícia, favorecida pela irrigação proporcionada pela barragem *de Boulbi*, situada nas proximidades. Possui também um mercado de grande reputação na zona, que alterna com os mercados de *Kienfangué* e de outra aldeia e que se reúne de três em três dias no mesmo local.

No entanto, a localidade é fortemente confrontada com as repercussões das alterações climáticas, que estão a afetar as suas actividades económicas, incluindo a agricultura. As manifestações destas alterações climáticas são, em grande parte, consequência das más actividades do homem sobre o ambiente, tais como a construção descontrolada de habitações, o corte abusivo de madeira, a degradação das margens dos rios, etc. Os mapas 2 e 3 (nos anexos XIX e XX, respetivamente) ilustram as consequências dos fenómenos climáticos. Perante as ameaças da urbanização desenfreada, é necessário preservar o ambiente (a terra), envolvendo os jovens na promoção de actividades agrícolas que respeitem o equilíbrio ambiental.

Foi tendo em conta este potencial agrícola e a degradação do meio rural que foi criado o projeto da Cooperação Suíça. Trata-se de um projeto de empreendedorismo agrícola que envolve jovens, nomeadamente escolares, mais orientados para os aspectos práticos, com os alunos do CEG de *Bassemyam* na linha da frente.

*****

No final deste primeiro capítulo, podemos afirmar que a compreensão dos seguintes conceitos-chave: cooperação, promoção, empreendedorismo e empreendedorismo agrícola, comunidade rural, permitiu explicar cada expressão de modo a relacioná-las com o objeto de investigação. Acrescente-se ainda que a abordagem definicional fornecida permitiu também eliminar qualquer confusão quanto à compreensão destes termos essenciais que são centrais para o nosso objeto de investigação. As instituições envolvidas na promoção do empreendedorismo nas escolas, ou seja, a Cooperação Suíça e o CEG de *Bassemyam*, bem como a área de estudo, foram apresentadas de forma a clarificar a natureza dos respectivos compromissos para o sucesso da iniciativa.

CAPÍTULO II
REVISÃO DA LITERATURA E ESTADO DA QUESTÃO

A revisão da literatura é uma avaliação crítica dos desenvolvimentos da investigação num domínio especializado. Nesta secção, dedicada a exprimir o nosso conhecimento sobre o tema de investigação, realizamos uma pesquisa bibliográfica científica sobre os diferentes escritos e autores relacionados com a cooperação e a promoção do empreendedorismo agrícola nas zonas rurais. Para uma melhor abordagem e concretização do nosso trabalho de reflexão, consultámos documentos físicos e digitais: artigos, relatórios, dissertações, livros. Após o levantamento documental, procedemos a uma análise crítica centrada no estado atual da questão em trabalhos anteriores sobre o empreendedorismo agrícola.

II.1. REVISÃO DA LITERATURA

A questão do empreendedorismo agrícola tem sido discutida muitas vezes na literatura. Para compreender melhor o nosso tema de investigação, lemos trabalhos gerais e específicos, dissertações, artigos e revistas sobre o empreendedorismo agrícola e as iniciativas para o promover.

II.1.1. Cooperação para o desenvolvimento

José Antonio Alonso e Jonathan Glennie (2015) debatem a cooperação para o desenvolvimento nas *Notas de Política do Fórum de Cooperação para o Desenvolvimento*. O seu debate divide-se em duas partes: os objectivos da cooperação para o desenvolvimento e os critérios da cooperação para o desenvolvimento.

No que se refere aos objectivos, especificam que é importante, em primeiro lugar, apoiar e complementar os esforços envidados pelos países em desenvolvimento para garantir a existência de normas sociais essenciais e universais que permitam aos cidadãos exercer os seus direitos fundamentais. Em segundo lugar, promover a convergência dos países em desenvolvimento para níveis mais elevados de rendimento e de bem-estar e reduzir as profundas desigualdades que persistem a nível internacional. Por último, apoiar a participação ativa dos países em desenvolvimento no fornecimento de bens públicos mundiais.

Do ponto de vista dos critérios da cooperação para o desenvolvimento, Alonso e Glennie (2015) afirmam que a cooperação para o desenvolvimento deve, em primeiro lugar, ter como objetivo explícito apoiar as prioridades de desenvolvimento nacionais ou internacionais. Em segundo lugar, não deve ter como objetivo o lucro, mas sim defender uma discriminação positiva a favor dos países em desenvolvimento. Por último, consideram que a cooperação deve basear-se em relações que visem melhorar a apropriação por parte dos países em desenvolvimento.

Marcel Pariat (2016), num artigo intitulado "La coopération, une valse à trois temps?", publicado na revista *Pensée plurielle*, salienta que a cooperação é importante e necessária em termos dos contributos e da inovação que orquestra no seio das estruturas e das colectividades locais. Marcel Pariat vê a cooperação como uma valsa de três tempos, ou mesmo de três movimentos. Para isso, baseia-se em três conceitos: transação (compromisso, acordo, arranjo), transição (melhorar a relação entre reforma e desenvolvimento) e transformação (modificar, mudar, passar de uma forma para outra). Para ele, a cooperação não pode ser pensada sem estes três elementos. Isto permite analisar as relações, as ressonâncias, as interdependências e o contexto em que a cooperação se desenvolve, bem como a natureza da própria cooperação.

A Universidade da Paz (2018) está mais interessada em fornecer diretrizes para o desenvolvimento da cooperação. Na publicação intitulada "Sete passos para desenvolver a cooperação", mostra que a cooperação permite que as pessoas estabeleçam relações com os outros. Promove um clima de confiança e de respeito mútuo. O objetivo da cooperação é desenvolver as competências e as atitudes que favorecem a confiança, a comunicação interna e externa e o diálogo entre os membros e entre as diferentes partes. Trata-se de experimentar e aprender o espírito de entreajuda, de colaboração e de cooperação. Para o conseguir, a Université la Paix definiu sete princípios
(7) etapas essenciais :

- **ser bem recebido**: sentir-se confortável e seguro no grupo ;
- **exprimir-se**: desenvolver a expressão individual ;
- **reconhecer as suas próprias qualidades e as dos outros**: promover uma imagem positiva entre os membros ;
- **ocupar o seu lugar e reconhecer o dos outros**: distribuir papéis e tarefas ;
- **ouvir**: utilizar todos os sentidos, aprender a ouvir os outros em pleno;
- **desenvolver a auto-confiança e a confiança nos outros**: criar confiança mútua ;
- **cooperar e construir em conjunto**: experimentação de projectos colectivos.

II.1.2. Promover o espírito empresarial agrícola

Saiba Bakouan et al (2020), em *Développement économique et emploi en Afrique francophone, l'entrepreneuriat comme moyen de réalisation*, uma obra colectiva do Observatoire de la Francophonie Economique (OFE) em colaboração com a Université de Montréal, aborda a noção de empreendedorismo no Burkina Faso como um farol de esperança para uma juventude cada vez mais ambiciosa. Saiba Bakouan et al. partem de uma panorâmica do empreendedorismo no Burkina Faso, centrando-se em aspectos relacionados com o mercado de trabalho, as formas de emprego, o espírito empresarial e os principais desafios que o Burkina Faso enfrenta junto dos decisores políticos e da população, em particular dos jovens. Saiba Bakouan et al. vêem no trabalho por conta própria (empreendedorismo) uma saída para o desemprego. O trabalho independente oferece um vislumbre de esperança, uma melhoria das condições de vida e uma saída da precariedade.

HELVETAS Burkina Faso (2020), no seu Programa de Apoio à Promoção do Empreendedorismo Agrícola (PAPEA) no Burkina Faso, implementado em colaboração com a ONG SNV, Stichting Nederlandse Vrijwilligers/Foundation des Volontaires Néerlandais, promove o empreendedorismo agrícola através da criação direta e/ou indireta de actividades e empregos. Ao encorajar o empreendedorismo agrícola, permite à população rural, nomeadamente às mulheres e aos jovens, gerar rendimentos. O objetivo de HELVETAS é dinamizar o sector agrícola rural no Norte, Centro-Oeste, Hauts-Bassins e zonas periurbanas de Bobo-Dioulasso e Ouagadougou. Este objetivo será alcançado através da transformação e conservação dos produtos agrícolas produzidos localmente. Deste modo, serão reforçados os sistemas alimentares sustentáveis e inclusivos nas zonas rurais e periurbanas.

O objetivo do projeto HELVETAS Burkina Faso/PAPEA 2020 é criar 60 clusters, apoiar 6.000 empresas agrícolas, impactar 24.000 pessoas, incluindo 14.400 jovens e 12.000 mulheres com menos de 35 anos, aumentar o rendimento das empresas agrícolas em 10% e gerar 5.000 empregos dignos para jovens e mulheres. O PAPEA começou com as indústrias de manga, mandioca, gengibre, aves, batata, leite, ovos, milho, amendoim, mel, carne de porco, tomate, morango, cebola, gado, tomate e pimentão.

No que diz respeito à Organização Internacional do Trabalho (OIT 2022), o projeto ProAgro está a ser criado para ajudar a reforçar as capacidades institucionais com vista a apoiar o empreendedorismo agrícola. O projeto ProAgro, em colaboração com a Universidade Mohammed VI, apoiará a conceção e a implementação do CRJEA, o Centro Regional de

Jovens Empresários Agrícolas e Agro-alimentares. A criação deste centro visa, por um lado, melhorar as condições de vida e, por outro, favorecer a criação de emprego, nomeadamente para os jovens das zonas rurais. O objetivo é fornecer aos jovens orientação e apoio através de assistência técnica, formação e acompanhamento local. Para o efeito, foram baptizados de "Geração Verde". Este nome refere-se a uma nova geração de jovens empresários agrícolas.

II.1.3. Empreendedorismo agrícola e desenvolvimento rural

O Projeto de Promoção do Empreendedorismo Agrícola (PPEA 2015), no seu *Relatório de Actividades a 31 de dezembro de 2014,* debruça-se sobre a "Transformação socioeconómica das zonas rurais do Benim". O estudo PPEA é o resultado da cooperação entre o governo do Benim e o Programa das Nações Unidas para o Desenvolvimento (PNUD). Está sob a supervisão do Ministério do Desenvolvimento, da Análise Económica e da Previsão (MDAEP), com o apoio técnico do Centro Regional de Songhai. O estudo tem por objetivo a transformação socioeconómica das zonas rurais e agro-ecológicas do Benim. O projeto constitui a resposta do Governo do Benim ao triplo desafio do emprego dos jovens, da pobreza e do êxodo rural.

Em suma, o PPEA tem por objetivo

- Assegurar o desenvolvimento de uma agricultura moderna, sustentável e competitiva, baseada na promoção das cadeias de valor agrícolas.
- Promover e divulgar tecnologias e práticas agrícolas inovadoras e de elevado desempenho.
- Assegurar o desenvolvimento do capital humano nas diferentes zonas agro-ecológicas do Benim, com vista a transformar efetivamente as vantagens relativas do Benim em vantagens competitivas.
- Assegurar a criação de oportunidades económicas a nível local, incentivando intercâmbios inter-regionais que facilitem a densificação das economias locais.

Bobby Juuko (2022), na revista *Entreprenante Afrique*, discute o empreendedorismo agrícola como uma chave para desenvolver o potencial da África rural. O ponto de partida de Juuko é o facto de o continente africano dispor de recursos suficientes. Com efeito, sublinha que a Organização das Nações Unidas para a Alimentação e a Agricultura (FAO) estima que as terras aráveis não utilizadas em África ultrapassam os 100 milhões de hectares.

Salienta também o facto de muitos países do continente terem ainda uma população rural dominante. Esta é uma oportunidade que África deve aproveitar. No entanto, Juuko salienta que, apesar destes trunfos, há uma série de desafios que impedem o arranque do sector agrícola. Refere-se às políticas fundiárias, aos problemas logísticos, aos subsídios agrícolas e à falta de ganhos de produtividade. No entanto, Juuko sugere que as soluções residem na concentração na procura interna do continente e na sua satisfação, a fim de estimular o desenvolvimento da agricultura moderna em África. Salienta ainda que o aumento dos rendimentos pode colmatar o fosso com o crescimento demográfico. Além disso, acrescenta, a exploração de culturas de frutas e legumes é uma alternativa cada vez mais atractiva.

II.2. A SITUAÇÃO ACTUAL DA EFICIÊNCIA DO EMPREENDEDORISMO AGRÍCOLA

A eficácia do espírito empresarial agrícola foi posta à prova por alguns autores. Estes consideram que, em geral, o empreendedorismo é fruto da espontaneidade, da comparação ou de uma situação de constrangimento provocada pela pobreza e/ou desemprego, e não o resultado de um percurso racional e empreendedor. No entanto, com base na opinião de outros autores e na nossa, apresentámos um conjunto de argumentos que justificam a sua pertinência, desde que se enquadre e contextualize na abordagem empreendedora que lhe é adequada.

II.2.1. Opiniões divergentes

Muitos autores estão convencidos da futilidade do empreendedorismo agrícola, especialmente nas faixas etárias mais jovens, porque, apesar do apoio, a iniciativa pode acabar em fracasso. Segundo Léger-Jarniou (2005), o fracasso pode ser entendido como o abandono do projeto empresarial ou a falência da empresa apoiada, ou ainda a gestão ineficaz e ineficiente da empresa apoiada.

O insucesso empresarial é também definido como a entrada do empresário num estado psicológico de desilusão que pode levar ao desaparecimento da empresa, quando não conseguiu beneficiar de apoio financeiro e/ou moral. O insucesso também pode ser explicado por um défice de governação marcado por deficiências de gestão, por um fraco empenho da gestão ou pela falta de compreensão dos desafios por parte do empresário. Por fim, segundo Martine Boutary et al (2014), a construção do conhecimento pelos empresários não está adaptada à realização dos seus projectos.

Fitz Koch et al, (2017) encontra outras razões para o fracasso do empreendedorismo agrícola. O autor responsabiliza os principais responsáveis, ou seja, os próprios empresários. Salienta que, embora a agricultura seja um vetor de desenvolvimento, o baixo nível de empreendedorismo agrícola em África pode ser explicado pela predominância de empresários baseados na necessidade, que muitas vezes vivem em condições precárias ou que procuram a eficiência da produção.

Raphaël Nkakleu et al (2023) definem os empresários por necessidade como pessoas que se envolvem em actividades empresariais devido a constrangimentos familiares ou pessoais, por outras palavras, porque não têm outra alternativa para encontrar um emprego. O empreendedorismo por necessidade é a forma dominante de empreendedorismo em África. É por isso que Raphael Nkakleu (2023) justifica o fraco desenvolvimento das economias africanas pelo facto de os projectos criados por empresários por necessidade terem uma baixa taxa de sucesso. Os empreendedores por necessidade são, na maioria das vezes, jovens empresários que se encontram em situações de isolamento (falta de redes profissionais, pessoais ou sociais) que limitam as possibilidades de transformar o seu projeto empresarial, particularmente na fase de arranque. Então, em nome dos argumentos acima referidos, devemos reduzir o empreendedorismo agrícola apenas ao facto de ser um constrangimento ou um fracasso?

II.2.2. Pareceres favoráveis

Como qualquer iniciativa humana, o espírito empresarial agrícola é fonte de sucesso e de fracasso. Tudo depende da forma como é abordado e, sobretudo, implementado. Dito isto, é a ausência de uma cultura empresarial que está geralmente na origem dos fracassos. Muitas vezes, a dissonância entre os objectivos dos programas de apoio ao empreendedorismo juvenil e os objectivos "ocultos" dos actores políticos que incentivaram os jovens da sua zona a inscreverem-se nesses programas é suscetível de favorecer o fracasso do apoio ao empreendedorismo dos jovens com projectos na agricultura. O perfil psicológico e sobretudo cognitivo dos jovens empresários apoiados evidencia a falta de moralidade, de cultura empresarial, de espírito empreendedor e de perseverança, segundo Raphaël Nkakleu et al (2023), daí o interesse deste estudo, que justifica a tomada em consideração da cultura empresarial em todas as iniciativas a jusante.

Através de um processo de aprendizagem, a cultura empreendedora visa melhorar as competências dos empreendedores, nomeadamente dos jovens e, hoje em dia, dos alunos, e facilitar-lhes o acesso aos recursos necessários para realizarem os seus projectos quando atingirem a maioridade, precisamente no contexto difícil do subemprego no Burkina Faso. A cultura empresarial, nomeadamente a que é ensinada aos alunos das zonas rurais, está a tornar-se uma alternativa séria a ter em conta na formação e educação dos alunos nos estabelecimentos de ensino geral. O CEG de Bassemyam, que implementou esta iniciativa, é uma ilustração deste facto, e mesmo uma escola-piloto.

*****

Em suma, a revisão da literatura permitiu-nos analisar os trabalhos anteriores relacionados com o tema da investigação. A análise levou-nos a mencionar três pontos essenciais: a cooperação para o desenvolvimento, a promoção do espírito empresarial agrícola e o espírito empresarial agrícola e o desenvolvimento rural. Estes três pontos permitiram discutir os escritos e os autores que realizaram investigações no domínio da cooperação agrícola e da promoção do empreendedorismo agrícola. Eles permitiram igualmente evidenciar as críticas formuladas por certos autores reticentes em relação a esta questão. Longe de pôr totalmente em causa a ideia de empreendedorismo agrícola, estas críticas constituem, de facto, salvaguardas que, se forem tidas em conta, permitirão conduzir eficazmente as iniciativas de empreendedorismo agrícola para resultados conclusivos ou de sucesso.

CONCLUSÃO PARCIAL

O estudo desta primeira parte, dedicada à apreensão dos conceitos-chave e à revisão da literatura, permitiu-nos estabelecer o quadro teórico, especificando o âmbito das noções essenciais do tema e mencionando os trabalhos sobre o tema de investigação. De facto, a abordagem definicional que adoptámos eliminou qualquer confusão quanto à nossa compreensão dos conceitos de cooperação, promoção, empreendedorismo agrícola e comunas rurais. Isto permitiu clarificar a nossa orientação científica.

Além disso, a revisão da literatura, que se centrou em textos relacionados com a cooperação para o desenvolvimento, a promoção do empreendedorismo agrícola, o empreendedorismo agrícola e o desenvolvimento rural, facilitou a orientação da nossa investigação e permitiu-nos situar o nosso trabalho na continuidade dos nossos antecessores. Em suma, estes dois capítulos ajudaram a orientar a nossa investigação no sentido da nossa procura, clarificando os pontos essenciais e orientando a nossa investigação em relação aos escritos de outros autores.

SEGUNDA PARTE: METODOLOGIA DE INVESTIGAÇÃO E ANÁLISE DOS RESULTADOS

A segunda parte da nossa investigação compreende dois capítulos essenciais. O primeiro é dedicado à metodologia de investigação. O segundo capítulo trata da análise dos resultados. A metodologia de investigação permitir-nos-á definir o âmbito do estudo, a população do inquérito e a amostragem. Discutiremos também o método de recolha de dados, as técnicas e os instrumentos utilizados para recolher informações junto do público-alvo e o processo de recolha de dados.

O segundo capítulo analisará e interpretará os resultados obtidos a partir dos dados recolhidos junto do público-alvo. Para além disso, verificaremos as hipóteses formuladas no início do nosso trabalho. Por fim, serão feitas recomendações à Cooperação Suíça para que esta possa melhorar as suas actividades no CEG *de Bassemyam*.

CAPÍTULO III
METODOLOGIA DE INVESTIGAÇÃO

O método de investigação é uma indicação da abordagem que seguimos para realizar o inquérito de campo junto do público-alvo. Este estudo fornece uma imagem mais clara da contribuição da Cooperação Suíça na promoção do empreendedorismo agrícola no CEG *de Bassemyam*, na comuna rural de *Komsilga*. Abrange os seguintes pontos: o âmbito do estudo e a população do inquérito, a amostragem, os métodos de recolha de dados, as técnicas e instrumentos de recolha de dados e uma descrição do processo de recolha de dados.

III.1. ÂMBITO DO ESTUDO E MÉTODOS DE RECOLHA DE DADOS

Esta secção apresenta a população do inquérito, a amostragem e as técnicas de recolha de dados.

III.1.1. Âmbito do estudo

A delimitação do campo de estudo consiste em segmentar a população de forma óptima para obter uma representação da mesma, mas em miniatura. Adaptámos o nosso inquérito à nossa população de estudo, que era constituída por pessoas ligadas ao projeto iniciado pela Cooperação Suíça na comuna rural de *Komsilga*, e em particular no CEG *de Bassemyam*. O inquérito de campo foi realizado junto deste público (beneficiários) com o objetivo de recolher as informações necessárias para levar a cabo a nossa reflexão sobre o tema da promoção do empreendedorismo agrícola no meio rural. A amostra baseia-se em pessoas-recurso, pessoas que podem fornecer-nos informações essenciais sobre o assunto. Estas pessoas são entrevistadas com base num guia de entrevista para obter informações precisas e fiáveis. Informações que facilitarão o resultado da nossa análise.

III.1.2. Métodos de recolha de dados

O método identificado para a recolha de dados é qualitativo e quantitativo. O método qualitativo responde às necessidades da nossa investigação sobre a contribuição da cooperação suíça para a promoção do empreendedorismo agrícola no CEG de *Bassemyam*, na comuna rural de *Komsilga*. O objetivo é obter informação de qualidade e não apenas quantidade. Uma informação de qualidade permite obter resultados satisfatórios e eficazes. O método qualitativo envolve questões mais ou menos subjectivas, mas que são formuladas de forma objetiva. O método centra-se mais na qualidade da informação recolhida do que no número de pessoas que dão respostas.

Por outras palavras, o método qualitativo é aquele que nos permitiu, com a ajuda de um guião de entrevista, recolher as opiniões das pessoas-recurso; por outras palavras, recolher, apreender e interpretar informações de fontes fiáveis e qualificadas. Inicialmente, prevíamos entrevistar três pessoas-recurso da Cooperação Suíça diretamente envolvidas na implementação do projeto de empreendedorismo agrícola no CEG de *Bassemyam*. No final, duas delas responderam favoravelmente ao nosso pedido de entrevista, seguindo o esquema do guião de entrevista (ver cópia em anexo). As respostas esperadas eram praticamente as mesmas, razão pela qual deixámos de insistir na terceira pessoa, tanto mais que um outro inquérito, desta vez quantitativo, colmatou na medida do possível esta lacuna.

Awa Karambiri (2024, p.39) descreve a abordagem quantitativa como um método de investigação que utiliza procedimentos matemáticos e estatísticos com vista a descrever, explicar e prever fenómenos através de dados históricos sob a forma de variáveis mensuráveis. O objetivo é deduzir conclusões estatisticamente mensuráveis. A recolha de dados quantitativos é possível através de um inquérito ou questionário (ver anexo para um exemplo). O questionário é utilizado para recolher dados quantificáveis. Assume a forma de uma série de perguntas colocadas numa ordem precisa. Pode também ser utilizado para recolher um grande número de testemunhos ou opiniões. A principal função do questionário é alargar o âmbito do inquérito e verificar estatisticamente até que ponto as informações e hipóteses previamente estabelecidas podem ser generalizadas.

O questionário é, portanto, uma série de perguntas feitas metodicamente para definir um caso, uma situação ou um pedido de entre um grande número de possibilidades e para facilitar a recolha de testemunhos. Trata-se de um instrumento adequado para recolher informações precisas junto de um grande número de participantes. Permite chegar a várias pessoas ao mesmo tempo e recolher dados quantificáveis que podem ser apresentados sob a forma de quadros e gráficos. èmeèmeèmeèmeInicialmente, planeámos uma amostra probabilística aleatória de dez alunos por turma (6, 5, 4 e 3), o que perfazia um total inicial de quarenta alunos a inquirir, vinte dos quais eram raparigas e vinte rapazes. No final, trinta e dois puderam participar no inquérito, dezoito raparigas e catorze rapazes. Durante o inquérito, verificámos que as respostas que recebemos eram praticamente todas semelhantes. O nível de saturação tinha, portanto, sido atingido. Não considerámos necessário continuar o inquérito com os outros oito alunos da lista de amostragem inicial. Assim, optámos por uma amostra intencional.

Não obstante, foram enviados vinte outros questionários a outros membros da comunidade educativa (Associação de Pais e Encarregados de Educação, pessoal docente e administrativo, líderes comunitários). Que técnicas e instrumentos foram utilizados neste estudo?

III.2. TÉCNICAS E INSTRUMENTOS DE RECOLHA DE DADOS

As técnicas e instrumentos de recolha de dados que utilizámos para a nossa investigação são: pesquisa documental, observação e entrevistas. Estas diferentes técnicas são essenciais na investigação que estamos a realizar sobre a contribuição da cooperação suíça na promoção do empreendedorismo agrícola no CEG de *Bassemyam* em *Komsilga.*

III.2.1. Pesquisa bibliográfica

A pesquisa documental levou à consulta de vários documentos. Os documentos consultados foram sobretudo obras físicas e digitais. A sua consulta implicou a ida a bibliotecas para procurar obras físicas e digitais sobre a questão de investigação, bem como a navegação na Internet para consultar documentos adicionais: "Os documentos a consultar são os relacionados com o objeto de estudo. Estas várias leituras ajudaram a consolidar os seus conhecimentos sobre o assunto" (D. Tibiri, 2023). Os documentos que consultámos foram livros, artigos, relatórios e dissertações relacionados com o contributo da cooperação e a promoção do empreendedorismo agrícola no meio rural. Recorremos também à base de dados de informação da Cooperação Suíça para obter informações complementares, precisas e explícitas.

III.2.2. Observação participativa

A observação participativa é uma técnica que nos permitiu estar em sintonia com a realidade no terreno. A imersão no campo de actividades da Cooperação Suíça através do CEG de *Bassemyam* foi, para nós, uma experiência de despertar empresarial, agrícola, profissional e científico. A observação participante que realizámos permitiu-nos analisar as atitudes, descrever as acções e ver os modos de proceder dos formadores e instrutores, bem como dos alunos, professores, pais e habitantes da comuna rural de *Komsilga* que estão envolvidos no projeto agrícola.

No entanto, como salienta Donald Long (2004, p. 2), a observação é mais do que uma técnica passiva:

"Consiste na recolha sistemática de informações qualitativas e quantitativas. Observamos indivíduos ou grupos. Antes de observar, é necessário definir operacionalmente o comportamento-alvo. Há duas maneiras de observar: participando na vida das pessoas que estão a ser observadas ou permanecendo fora da sua vida. Pode-se observar, por assim dizer, de dentro ou de fora de um grupo. A observação participativa é mais exigente em muitos aspectos do que a observação desinteressada. Tentamos construir um quadro global mais complexo e uma compreensão mais profunda da situação". .

Em suma, a observação participante permitiu-nos mergulhar na contribuição da Cooperação Suíça para a promoção do empreendedorismo agrícola no CEG *de Bassemyam*, na comuna rural de *Komsilga*. É também importante salientar que somos professores no CEG de Bassemyam, mais concretamente o Diretor do referido estabelecimento. Isto implica-nos imediatamente no projeto.

III.2.3. Entrevistas com pessoas-recurso

A entrevista é efectuada com recurso a um guião de entrevista e a um questionário (ver anexos XI e XIII). A entrevista é utilizada para recolher e analisar um certo número de elementos, tais como a atitude, a opinião e os sentimentos do entrevistado. É uma técnica de recolha de dados que, ao contrário de um questionário, estabelece uma relação especial entre o entrevistador e o entrevistado. A entrevista serve também para verificar hipóteses e estabelecer novas hipóteses. Existem três tipos de entrevista: diretiva, semi-diretiva e não-diretiva ou livre. Para este estudo, optámos pela entrevista livre. Utilizando um guia de entrevista, falámos com as pessoas responsáveis pelo projeto. O questionário foi aplicado aos alunos e a outros membros da comunidade educativa. Utilizando uma abordagem (método) mista, o guião de entrevista e o questionário permitiram-nos recolher as informações necessárias para compreender o nosso trabalho de investigação.

III.2.4. Processo de recolha de dados

A recolha de dados foi efectuada em duas fases. A primeira fase consistiu em entrevistas com pessoas-recurso. A segunda fase consistiu no tratamento dos dados recolhidos junto dos inquiridos. A fase de entrevista com as pessoas-recurso foi efectuada através de um guião de entrevista. Isto permitiu-nos falar com a Cooperação Suíça, os alunos envolvidos no projeto, os pais e os professores envolvidos no projeto. Além disso, demorámos quinze dias a concluir esta fase.

O feedback das várias entrevistas permitiu-nos tirar o melhor partido possível das informações recolhidas. Para a fase de tratamento dos dados, utilizámos a técnica de codificação para processar os dados obtidos. Recordamos que as entrevistas foram semi-diretivas. Assim, anotámos as palavras-chave específicas das respostas. Por fim, introduzimos as informações recolhidas em formulários Google, a fim de as capitalizar e gerar números que apresentem elementos quantitativos para uma melhor análise e explicação dos resultados.

*****

Por fim, este terceiro capítulo permitiu-nos fazer uma abordagem do quadro institucional do nosso estudo através da apresentação da Cooperação Suíça e do CEG de *Bassemyam* na comuna rural *de Komsilga*. Elaborámos também o quadro metodológico, definindo o âmbito do estudo e especificando a amostragem. Indicámos igualmente o método de investigação e as técnicas e instrumentos de recolha de dados. Por fim, definimos as modalidades de recolha e de tratamento dos dados.

CAPÍTULO IV
APRESENTAÇÃO DOS RESULTADOS E SUGESTÕES

A análise dos resultados é o primeiro ponto importante deste capítulo. Permite-nos examinar e interpretar as informações recolhidas junto do público-alvo. De seguida, discutimos a verificação das hipóteses. Este segundo ponto permite-nos confirmar ou refutar as hipóteses formuladas inicialmente. Por fim, concluímos este capítulo com recomendações para melhorar o projeto de empreendedorismo agrícola no CEG de *Bassemyam*, nomeadamente no meio escolar.

IV.1. INTERPRETAÇÃO E DISCUSSÃO DOS RESULTADOS

Este ponto principal ajudará a fornecer um estudo analítico da informação recolhida junto das pessoas-recurso no nosso inquérito de campo. Para o efeito, interpretaremos e discutiremos os resultados obtidos. Isto permitir-nos-á destacar o nosso trabalho.

IV.1.1. Apresentação de resultados

A interpretação dos resultados permite-nos comentar os dados recolhidos junto do público. Trata-se de destacar e relacionar as informações recolhidas através da sua interpretação em relação ao objeto de investigação.

Figura 1: Nível de conhecimentos sobre empreendedorismo agrícola

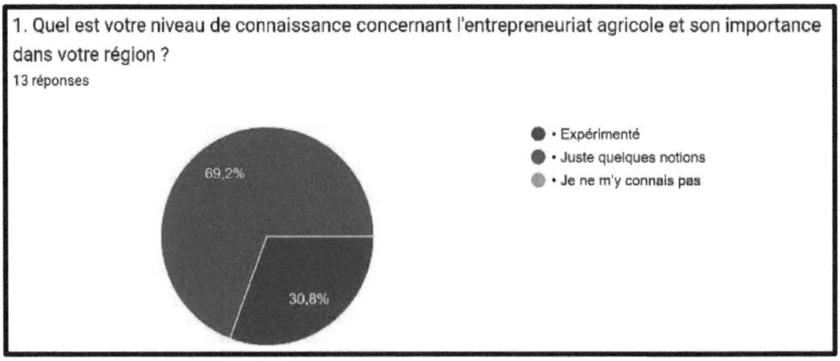

Fonte: Resultados do inquérito de 13 de maio a 05 de junho de 2024.

De acordo com os dados obtidos no primeiro gráfico, 69,2% dos nossos inquiridos afirmaram ter uma experiência moderada no domínio do empreendedorismo agrícola. Por outras palavras, trata-se de pessoas que, embora não possam afirmar que dominam o empreendedorismo agrícola na perfeição, têm noções importantes que lhes permitem realizar determinadas acções. Além disso, 30,8% afirmaram ter algum conhecimento especializado (experiência) no sector agrícola. Este facto permite estabelecer um grau de complementaridade entre os vários intervenientes. Qual é o nível de apreensão em relação ao empreendedorismo agrícola entre os inquiridos?

<u>Gráfico </u>2: Nível de participação em programas de empreendedorismo agrícola

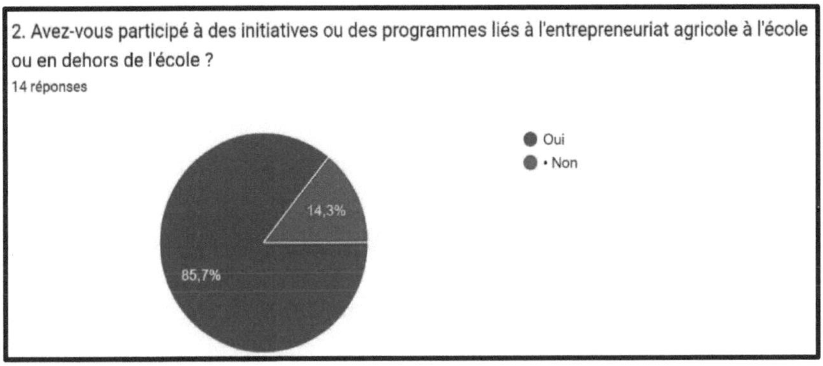

<u>Fonte</u>: Resultados do inquérito de 13 de maio a 05 de junho de 2024.

O segundo gráfico responde à questão de saber se os nossos inquiridos já tinham participado em iniciativas ou programas de empreendedorismo agrícola dentro ou fora da escola. A esta pergunta, 85,7% responderam sim, contra 14,3% que responderam NÃO. Quais são então as competências necessárias para ter sucesso neste domínio?

Figura 3: Tipo de competências necessárias para o empreendedorismo agrícola

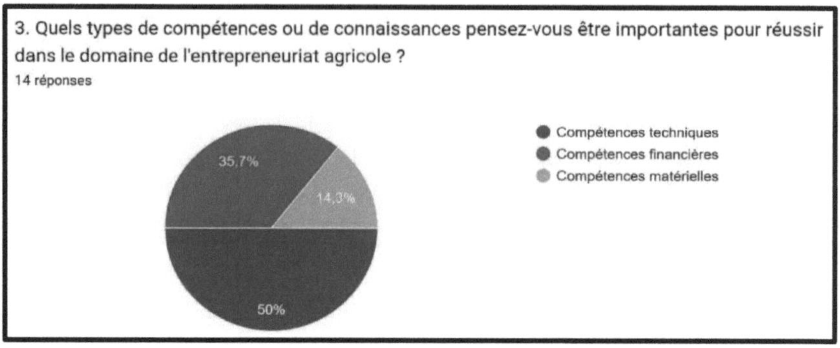

Fonte: Resultados do inquérito de 13 de maio a 05 de junho de 2024.

Quando questionados sobre que tipos de competências são necessárias para ter sucesso no empreendedorismo agrícola, 50% dos nossos inquiridos referiram a importância das competências técnicas; 33,5%, a vitalidade das competências financeiras; e 14,3% indicaram que as competências materiais são essenciais para o sucesso no empreendedorismo agrícola. Mas quais poderão ser os constrangimentos ao sucesso desta iniciativa? O gráfico seguinte responde a esta preocupação.

Figura 4: Desafios enfrentados pelos agricultores em *Bassemyam*

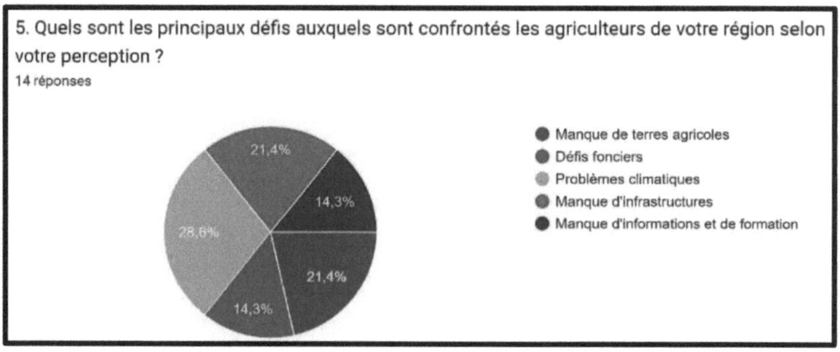

Fonte: Resultados do inquérito de 13 de maio a 05 de junho de 2024.

No que diz respeito aos desafios enfrentados pelos agricultores, 21,4% mencionaram a falta de terras agrícolas e a falta de infra-estruturas, respetivamente; 14,3% mencionaram os desafios relacionados com a posse da terra e a mesma percentagem mencionou a falta de informação e formação. Em termos concretos, qual foi a natureza das contribuições da cooperação suíça?

Figura 5: Natureza das contribuições para a cooperação

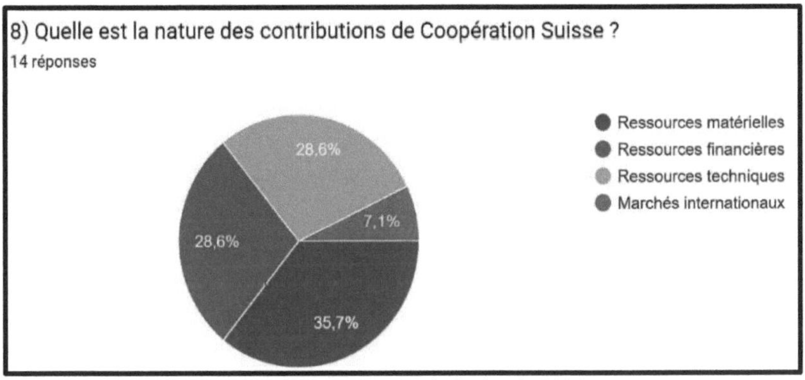

Fonte: Resultados do inquérito de 13 de maio a 05 de junho de 2024.

Além disso, 28,6% mencionaram problemas climáticos, nomeadamente a escassez de chuva e a degradação dos solos. Os nossos inquéritos revelaram ainda que a cooperação suíça fornece recursos materiais (35,7%), financeiros (28,6%), técnicos (28,6%) e mercados internacionais (7,1%). O que é que o gráfico abaixo diz sobre a eficácia das contribuições da cooperação suíça para o desenvolvimento?

Gráfico 6: Eficácia das contribuições da cooperação

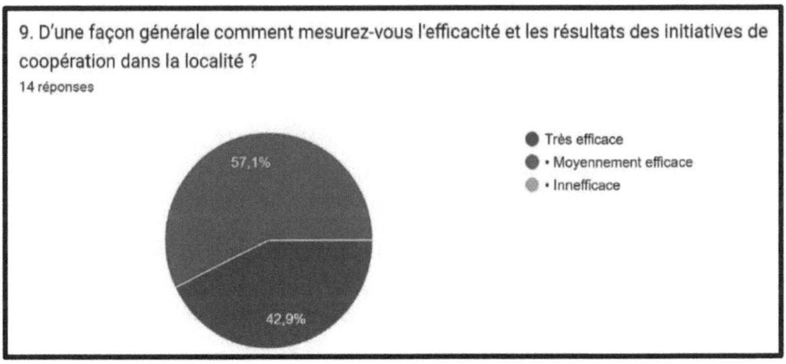

Fonte: Resultados do inquérito de 13 de maio a 05 de junho de 2024.

No gráfico 6, quando se pergunta aos agricultores como avaliam as iniciativas da Cooperação Suíça na localidade, 57,1% responderam que foram moderadamente eficazes, contra 42,9% que disseram que foram muito eficazes. Neste caso, é possível avaliar a intervenção da Cooperação Suíça no CEG de Bassemyam?

Figura 7: Avaliação das contribuições para a cooperação

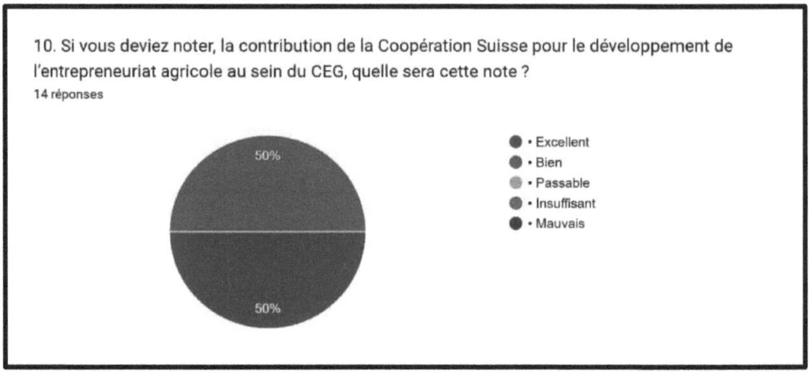

Fonte: Resultados do inquérito de 13 de maio a 05 de junho de 2024.

Estes resultados são quase idênticos aos do gráfico 7, em que 50% dos inquiridos consideram que a contribuição da cooperação suíça merece uma classificação excelente e os restantes consideram que merece uma classificação boa. Que apreciações podem ser feitas dos resultados obtidos acima?

Iv.1.2. Discussão dos resultados

A discussão dos resultados permite-nos fazer um exame analítico dos resultados obtidos a partir dos dados recolhidos junto das pessoas-recurso. A discussão dos resultados centra-se, em primeiro lugar, na análise da relação entre os inquiridos e o espírito empresarial agrícola. Em segundo lugar, examina-se em que medida a cooperação suíça responde às necessidades dos agricultores. Por fim, analisa-se a eficácia da cooperação suíça.

IV.1.2.1. Relação dos inquiridos com o empreendedorismo agrícola

Este primeiro ponto da discussão dos resultados examina o nível de conhecimento e de participação dos inquiridos em programas relacionados com o empreendedorismo agrícola. De acordo com os dados obtidos no primeiro gráfico, 69,2% dos inquiridos consideram-se moderadamente experientes no domínio do empreendedorismo agrícola. Isto significa que, embora estes indivíduos não dominem completamente o empreendedorismo agrícola, possuem, no entanto, conhecimentos significativos que lhes permitem realizar determinadas acções neste domínio. Ao mesmo tempo, 30,8% dos inquiridos afirmaram ter experiência comprovada no sector agrícola. Esta distribuição dos níveis de experiência sugere uma complementaridade entre os vários intervenientes, em que os menos experientes podem beneficiar dos conhecimentos dos mais experientes, promovendo assim um ambiente de partilha de conhecimentos e de tutoria.

O segundo gráfico esclarece a participação dos inquiridos em iniciativas ou programas relacionados com o empreendedorismo agrícola, dentro ou fora da escola. Mostra que 85,7% dos inquiridos já tinham participado em tais iniciativas, em comparação com 14,3% que não tinham participado. Este elevado nível de participação em programas de educação e formação em empreendedorismo agrícola indica uma tendência positiva para a aquisição de competências e a preparação dos indivíduos para um envolvimento efetivo neste sector.

A elevada proporção de participantes em programas educativos sublinha a importância destas iniciativas para o desenvolvimento das competências necessárias ao empreendedorismo agrícola. Reflecte igualmente o interesse e o empenho dos indivíduos em aprender e melhorar as suas competências neste domínio, apesar dos diferentes níveis de experiência. A complementaridade entre os que têm uma experiência moderada e os peritos, associada à participação maioritária em programas de formação, cria um terreno fértil para o desenvolvimento do espírito empresarial agrícola.

Podem ser retiradas várias conclusões destas observações. Em primeiro lugar, a diversidade de níveis de experiência entre os inquiridos sublinha a necessidade de estratégias de formação e de orientação adaptadas às necessidades específicas de cada grupo. Em segundo lugar, o elevado nível de participação nos programas de formação sublinha a eficácia destas iniciativas e o seu papel crucial no aumento das competências dos agricultores. Por último, esta dinâmica de complementaridade e de formação contínua pode ser considerada como uma alavanca essencial para melhorar a produtividade e a sustentabilidade do sector agrícola. Ao reforçar as competências técnicas, financeiras e materiais dos agricultores através de programas adequados e ao incentivar a partilha de conhecimentos, é possível criar um ecossistema agrícola mais resistente e eficiente.

IV.1.2.2. Como a cooperação suíça responde às necessidades dos agricultores

O segundo ponto da discussão dos resultados relativos ao estudo da contribuição da Cooperação Suíça para as necessidades dos agricultores permite-nos dar uma opinião sobre o tipo de competências necessárias no domínio de estudo, bem como sobre os desafios dos agricultores e a natureza das contribuições da Cooperação Suíça. Com efeito, quando questionados sobre as competências necessárias para ter sucesso no domínio do empreendedorismo agrícola, 50% dos inquiridos sublinharam a importância das competências técnicas. Outros 33,5% sublinharam a necessidade de competências financeiras, enquanto 14,3% afirmaram que as competências materiais eram essenciais para o sucesso neste domínio. Esta repartição das respostas evidencia a diversidade das competências consideradas essenciais para os empresários agrícolas, com uma predominância dos aspectos técnicos e financeiros.

No que diz respeito aos desafios enfrentados pelos agricultores, os resultados mostram que 21,4% dos inquiridos identificaram a falta de terras agrícolas e de infra-estruturas como obstáculos importantes. Outros 14,3 % mencionaram desafios relacionados com a posse da terra, bem como a falta de informação e formação. O problema climático foi citado por 28,6% dos inquiridos, que mencionaram desafios como a escassez de chuva e a degradação dos solos. Estes dados revelam um vasto leque de dificuldades enfrentadas pelos agricultores, desde limitações materiais e fundiárias a questões ambientais e de informação.

No que se refere à contribuição da cooperação suíça, os inquéritos revelaram que 35,7% dos inquiridos reconheceram a disponibilização de recursos materiais como um apoio fundamental. Outros 28,6% destacaram a disponibilização de recursos financeiros e técnicos. Por último, 7,1% mencionaram o acesso aos mercados internacionais como um benefício significativo proporcionado pela cooperação suíça. Esta distribuição indica uma apreciação variada mas substancial dos diferentes tipos de apoio oferecidos, com especial reconhecimento dos recursos materiais e financeiros.

Esta informação destaca não só as competências consideradas essenciais para o empreendedorismo agrícola, mas também os principais desafios enfrentados pelos agricultores e os tipos de apoio prestados pela cooperação suíça. Para maximizar a eficácia das suas iniciativas, a cooperação suíça teria vantagem em continuar a diversificar as suas formas de apoio, tendo em conta os desafios específicos e as necessidades de competências identificadas pelos agricultores. Tal poderia incluir o reforço dos programas de formação técnica e financeira, a melhoria das infra-estruturas e a promoção de práticas agrícolas sustentáveis para fazer face aos desafios climáticos. Ao integrar estes elementos, a cooperação suíça pode não só consolidar o seu impacto atual, mas também responder de forma mais orientada e eficaz às necessidades da comunidade agrícola.

IV.1.2.3. Eficácia da cooperação suíça

O terceiro ponto da discussão dos resultados diz respeito à análise da eficácia da cooperação. Esta análise permite-nos ver os aspectos convincentes e eficazes dos resultados e prever possíveis perspectivas. Neste sentido, a análise do gráfico 6, relativo à avaliação das iniciativas da Cooperação Suíça pelos agricultores locais, mostra que 57,1% dos inquiridos consideraram que estas iniciativas foram moderadamente eficazes. Em contrapartida, 42,9% dos agricultores consideraram estas acções muito eficazes. Esta distribuição de opiniões revela uma perceção globalmente positiva, mas matizada, do impacto da cooperação suíça, com uma maioria relativa que parece reconhecer a eficácia das iniciativas, mas que salienta possíveis áreas a melhorar.

Estes resultados são largamente comparáveis aos observados no Gráfico 7, que mostra uma distribuição equilibrada das avaliações das contribuições da Cooperação Suiça. De facto, 50% dos agricultores avaliaram estas contribuições com "Excelente" e a outra metade com "Bom". Esta paridade de respostas indica um reconhecimento unânime do valor da contribuição da Cooperação Suíça, ao mesmo tempo que sugere que alguns aspectos poderiam ser optimizados para alcançar a excelência percebida por todos.

Estes dados, extraídos dos gráficos 6 e 7, sugerem um reconhecimento geral dos esforços da Cooperação Suíça e do seu impacto positivo na localidade, embora existam nuances no grau de eficácia e de satisfação. As classificações "moderadamente eficaz" e "bom" representam uma avaliação positiva, embora apontem para oportunidades de melhoria contínua. Por outro lado, as classificações "muito eficaz" e "excelente" reflectem um elevado grau de satisfação e reconhecimento dos sucessos já alcançados.

Assim, para a cooperação suíça, estes resultados podem servir de base para reforçar os pontos fortes identificados pelos agricultores e, ao mesmo tempo, abordar as áreas que necessitam de ajustamento. Uma análise mais aprofundada das razões subjacentes às avaliações moderadamente positivas poderia fornecer informações valiosas para aumentar a eficiência e a satisfação geral. Em suma, estes dados revelam uma avaliação globalmente positiva das iniciativas, acompanhada de um convite à prossecução dos esforços de melhoria, a fim de alcançar uma excelência partilhada e universalmente reconhecida.

IV.2. PARECER SOBRE O IMPACTO DO PROJECTO

Esta secção destaca os testemunhos do impacto do projeto no CEG e nas comunidades locais de Bassemyam. Para o efeito, transmitiremos os testemunhos dos alunos (o Delegado dos Alunos do CEG de Bassemyam), da comunidade educativa (o Delegado dos Funcionários), da Associação de Pais (o Presidente da Associação de Pais), do Chefe da Aldeia e do Reitor da comunidade.

IV.2.1. Para os alunos

Nas palavras do delegado dos estudantes: "Gostaria de agradecer aos nossos professores, ao diretor, aos nossos pais e, sobretudo, aos nossos amigos suíços, porque esta iniciativa da Cooperação Suiça permitiu-nos :

- ser avaliados através de uma média trimestral intitulada Produção ;
- identificar as consequências das alterações climáticas ;
- compreender a necessidade de plantar árvores (Foto da placa nº 1 no anexo XVII);
- conhecer as diferentes formas de recuperação dos solos ;
- conhecer a importância das actividades dos nossos pais agricultores;
- para podermos ajudar os nossos pais nos tempos livres;
- para aprender outros ofícios como a avicultura, a jardinagem e o comércio" (Foto 1 do Anexo XVII).

IV.2.2. Na comunidade educativa

O representante do pessoal declarou o seguinte: "Estamos muito satisfeitos com a execução desta iniciativa da Cooperação Suíça, que permitiu :

- reavivar o interesse das crianças pela jardinagem e pela criação de aves de capoeira;
- Continuar a colaboração entre os alunos do infantário, do ensino primário e pós-primário e toda a comunidade em torno da exploração avícola agro-ecológica;
- reforçar a colaboração entre as escolas secundárias e outros estabelecimentos do município, com vista a uma futura partilha de experiências em matéria de explorações avícolas agro-ecológicas;

- apagar a imagem de uma escola restritiva com uma imagem mais jovial, atraente e voluntária graças às actividades de jardinagem e de criação de animais.

- èmeèmeprestar especial atenção aos alunos dos 6.º e 5.º anos, a fim de integrar as preocupações ambientais e empresariais nas suas mentalidades numa fase precoce" (ver placa fotográfica n.º 2 do anexo XVIII).

IV.2.3. Da Associação de Pais (APE)

O Presidente da Associação de Pais (APE): "Gostaríamos de agradecer à comunidade educativa, que iniciou o projeto, e à Cooperação Suíça, que gentilmente o co-financiou. Estamos muito satisfeitos porque as actividades permitiram-nos :

- despertar o interesse das crianças pela agricultura e pela criação de gado;
- ajudam os pais na horticultura de mercado nas terras baixas *de Boulbi*;
- reforçar a colaboração e a solidariedade ao nível da aldeia, com o envolvimento dos pais, dos líderes comunitários, dos conselheiros locais e do Comité de Desenvolvimento da Aldeia (CVD), para garantir o sucesso das actividades e o bem-estar dos alunos (ver foto n.º 6, página 48);
- ter um impacto positivo nas escolas da comuna através da implementação de tais iniciativas, que darão às escolas uma verdadeira autonomia e independência".

IV.2.4. Ao nível do ancião da comunidade que representa o chefe da aldeia

Para o reitor da comunidade *de Bassemyam*: "As actividades correram bem no seu conjunto. Visitámos o colégio várias vezes para ver como o trabalho estava a progredir e para aconselhar os alunos sobre a forma como podiam desempenhar um papel real no sucesso das actividades (ver a fotografia nº 2 no anexo XVIII).

Para além da sensibilização dos pais da aldeia, não hesitámos em recomendar a equipa do projeto a pessoas com recursos para que possa beneficiar de apoio técnico e financeiro face aos novos desafios que enfrenta. É por isso que não hesitamos em dizer :

Wend na yao yamb ti séké

La Kon Yam paanga ti ton song burkina karambissa faan!".

Tradução: "Deus agradece-te por teres pensado em nós. Que ele vos dê a força necessária para ajudar outros alunos do Burkina Faso".

IV.3. VERIFICAÇÃO DE HIPÓTESES E SUGESTÕES

A verificação das hipóteses e a formulação de sugestões permitir-nos-ão compreender melhor o objeto da nossa investigação.

IV.3.1. Verificação dos pressupostos

Para efetuar este processo de verificação, utilizaremos um quadro para explicar a nossa abordagem. (Ver página 47)

	IIPÓTESE ECUNDÁRIA N.º 2	IIPÓTESE SECUNDÁRIA .º 1	IIPÓTESE PRINCIPAL
IIPÓTESES	*A cooperação suíça contribuiu para diversificar s actividades económicas e melhorar as condições de vida dos alunos e das comunidades locais.*	*cooperação suíça facilitou o acesso dos alunos a uma rmação adequada, a recursos écnicos e a oportunidades de mercado e de rendimento*	*s actividades esenvolvidas pela ooperação suíça na muna rural de Komsilga ntribuíram para promover espírito empresarial rícola no CEG de assemyam e para reforçar s capacidades das toridades locais*
ARGUMENTOS	No gráfico 6, sobre a valiação das iniciativas da Cooperação Suíça pelos agricultores locais, 57,1% os inquiridos consideraram estas iniciativas moderadamente eficazes e 42,9% dos agricultores consideraram-nas muito eficazes. Isto revela uma perceção globalmente positiva, com uma maioria relativa que parece reconhecer a eficácia das iniciativas. 50% dos agricultores atribuíram a estas contribuições uma lassificação de "Excelente", nquanto a outra metade lhes ribuiu uma classificação de "Bom". Esta paridade de respostas indica um econhecimento unânime do valor da contribuição da Cooperação Suíça. **ste facto confirma a nossa hipótese secundária 2.**	Os inquéritos revelaram que 35,7% dos inquiridos reconheceram a disponibilização de recursos materiais como um apoio fundamental. Outros 28,6% lestacaram a disponibilização de recursos financeiros e técnicos. Por último, 7,1% mencionaram o acesso aos nercados internacionais como um benefício significativo roporcionado pela cooperação suíça. Esta distribuição indica uma apreciação variada mas ubstancial dos diferentes tipos de apoio oferecidos, com especial reconhecimento dos recursos materiais e financeiros. **hipótese secundária 1 é, por conseguinte, confirmada.**	o sexto gráfico, 42,9% dos gricultores consideraram as cções de cooperação suíça muito eficazes. o sétimo gráfico, 50% dos agricultores atribuíram a estas contribuições a classificação de "Excelente", enquanto a utra metade lhes atribuiu a classificação de "Bom". Estes dados, extraídos dos ráficos 6 e 7, sugerem um reconhecimento geral dos esforços da Cooperação Suíça e do seu impacto positivo na localidade. **A hipótese principal é confirmada.**

IV.3.2. Sugestões

Uma recomendação é uma contribuição de ideias e sugestões com vista a acrescentar valor a uma atividade ou coisa. Neste ponto principal, estamos a fazer recomendações à Cooperação Suíça para melhorar as actividades envolvidas na promoção do empreendedorismo agrícola no CEG em *Bassemyam*. Desta forma, damos o nosso contributo para a otimização e eficácia das suas acções.

Sugerimos, por conseguinte, que o governo do Burkina Faso :

- Intensificar **os programas** de formação técnica e financeira para os agricultores, a fim de reforçar as suas competências essenciais. Esta formação deve ser regular e acessível, abrangendo aspectos como as técnicas agrícolas modernas e a gestão financeira. Devem ser organizadas sessões de tutoria e orientação, em que os agricultores mais experientes possam orientar os novatos, incentivando o intercâmbio de conhecimentos e o desenvolvimento de competências.

- **Promover o acesso à informação e à formação:** Aumentar a disponibilidade e a acessibilidade da informação e da formação, através da criação de plataformas em linha e da distribuição de materiais didácticos adaptados às necessidades dos agricultores.

- **Promover a agricultura sustentável:** Promover práticas agrícolas sustentáveis para enfrentar os desafios climáticos, como a conservação dos solos, a utilização de culturas resistentes e a gestão eficiente da água.

- **Apoiar iniciativas educativas:** Continuar a apoiar e a promover iniciativas educativas e programas de formação em empreendedorismo agrícola, tanto dentro como fora dos estabelecimentos de ensino. Estes programas são essenciais para preparar eficazmente os agricultores para enfrentar os desafios do sector.

À Cooperação Suíça de :

- **Trabalhar no desenvolvimento das infra-estruturas agrícolas:** Investir na construção e melhoria das infra-estruturas agrícolas, tais como sistemas de irrigação, armazéns e estradas rurais, para melhorar as condições de trabalho e de produção dos agricultores.

- **Criar redes e comunidades:** Facilitar a criação de redes e comunidades de agricultores para incentivar o intercâmbio de boas práticas, a partilha de experiências e o apoio mútuo;

- **Diversificar as fontes de apoio:** Diversificar os tipos de apoio através da introdução de recursos adicionais, tais como serviços de consultoria, subsídios à inovação e acesso mais fácil aos mercados internacionais;

- **Criar programas de resiliência climática:** Desenvolver programas de resiliência climática para ajudar os agricultores a adaptarem-se às condições variáveis e a atenuarem os efeitos negativos das alterações climáticas.

- **Avaliar e ajustar os recursos:** Avaliar regularmente a eficácia dos recursos materiais, financeiros e técnicos fornecidos pela cooperação suíça e ajustar esses recursos em função das reacções dos agricultores para melhor responder às suas necessidades.

- **Reduzir o período sabático para a renovação das subvenções**: Continuar a apoiar os bancos com recursos limitados, como as escolas.

- **Repetir a experiência noutras escolas.**

*****

Em suma, este último capítulo permitiu-nos analisar e interpretar os resultados obtidos a partir do tratamento dos dados recolhidos junto do público-alvo do projeto de promoção do empreendedorismo agrícola na comuna rural de *Komsilga*, mais concretamente no CEG *de Bassemyam*. Além disso, foi possível verificar as hipóteses formuladas no início da nossa investigação. Por fim, foram formuladas recomendações para ampliar o projeto e melhorar a contribuição da Cooperação Suíça em *Bassemyam*, nomeadamente no Collège d'Enseignement Général.

CONCLUSÃO PARCIAL

A análise desta segunda parte incidiu sobre a metodologia de investigação e a análise dos resultados. Estes dois capítulos permitiram-nos conhecer melhor o nosso objeto de investigação, definir a nossa procura e chegar a resultados eficazes. De facto, a apresentação da Cooperação Suíça no Burkina Faso e das suas acções através da promoção do empreendedorismo agrícola no CEG de *Bassemyam* permitiu-nos compreender melhor o seu envolvimento e o seu impacto na comuna rural de *Komsilga*.

Além disso, a natureza científica da nossa investigação foi indicada pela precisão da metodologia de investigação: âmbito do estudo, amostragem, método, técnicas e instrumentos de recolha de dados. Além disso, a análise dos dados recolhidos junto do público-alvo facilitou a interpretação dos resultados. A interpretação dos resultados conduziu à verificação das hipóteses formuladas no início do estudo. Por fim, foram formuladas recomendações para ajudar a desenvolver as acções da Cooperação Suíça na comuna rural de *Komsilga*, nomeadamente no CEG de *Bassemyam*.

CONCLUSÃO GERAL

O estudo realizado sobre a contribuição da Cooperação Suíça na promoção do empreendedorismo agrícola no CEG de *Bassemyam*, na comuna rural de *Komsilga*, permitiu-nos analisar a contribuição de uma cooperação para a formação e capacitação de uma população rural no sector agrícola. Com efeito, o empreendedorismo agrícola parece ser uma alternativa para o desenvolvimento económico e social das populações rurais. Além disso, o espírito empresarial no sector agrícola contribui para combater o desemprego dos jovens. Ao formar os alunos da comuna rural de *Komsilga* através do CEG de *Bassemyam*, a Cooperação Suíça contribui para a formação e a educação dos jovens do Burkina Faso (A. Zongo, 2022).

O nosso objetivo com este estudo era avaliar a eficácia da Cooperação Suíça na promoção do empreendedorismo agrícola na comuna rural de *Komsilga*, particularmente no CEG de *Bassemyam*. Também queríamos identificar as medidas específicas adoptadas pela Cooperação Suíça para apoiar o empreendedorismo agrícola na comuna rural de *Komsilga*. Na mesma linha, quisemos examinar o impacto dos resultados da cooperação suíça sobre as competências empresariais adquiridas pelas comunidades locais e sobre o seu bem-estar económico e social.

A análise efectuada mostrou que o espírito empresarial agrícola é cada vez mais adequado na luta contra a pobreza e o desemprego dos jovens. A sua introdução junto dos alunos, nomeadamente nas escolas das zonas rurais, permite-lhes assimilar melhor as técnicas, experimentar os aspectos práticos através dos ensinamentos adquiridos e explorar as competências adquiridas. Desta forma, os jovens e as colectividades locais podem melhorar as suas competências, compreender melhor os fundamentos da agricultura, modernizar as suas técnicas e aumentar os seus rendimentos.

Verificámos também que a colaboração com a Cooperação Suíça se inscreve numa dinâmica de apoio às colectividades locais. Contribui para o seu apoio no âmbito de um processo de apoio nacional, com impacto no ambiente e nas condições de vida das populações locais. O empreendedorismo agrícola no CEG *de Bassemyam* é o ponto de partida para uma prática benéfica do ponto de vista económico, social e mesmo técnico. A análise dos resultados recolhidos junto do público-alvo mostra que o empreendedorismo agrícola contribui para o desenvolvimento das populações, para a dinamização do sector agrícola e para o aumento da produção e do rendimento das populações.

As hipóteses formuladas foram verificadas. Esta verificação confirmou a nossa posição sobre os benefícios da promoção do empreendedorismo agrícola nas zonas rurais, nomeadamente em

Bassemyam, no Collège d'Enseignement Général. Além disso, a verificação das hipóteses evidenciou a contribuição da Cooperação Suíça no apoio à população do Burkina Faso e, para além disso, ao Burkina Faso no seu conjunto. Este estudo esclareceu-nos tanto do ponto de vista da assimilação de técnicas e práticas agrícolas, como também na gestão das prerrogativas escolares e no nosso papel de Diretor do CEG *de Bassemyam.*

Em suma, a análise da contribuição da Cooperação Suíça para a promoção do empreendedorismo agrícola no Collège d'Enseignement Général de *Bassemyam*, na comuna rural de *Komsilga*, é um contributo para a educação agrícola e financeira nas escolas. Este projeto é uma revolução na prática académica e uma dádiva de Deus num contexto de crise de segurança. Dá esperança, mantém a população ocupada e, por sua vez, põe em evidência o potencial socioeconómico e o património agrícola da comuna rural de *Komsilga.*

BIBLIOGRAFIA

ARTIGOS

- ALONSO J. A. e GLENNIE J. (2015). "O que é a cooperação para o desenvolvimento?". *Notas de Política do Fórum de Cooperação para o Desenvolvimento - 2016*, ECOSOC/Conselho Económico e Social das Nações Unidas.
- BAKOUAN S. et al. (2020). "Entrepreneuriat au Burkina Faso : lueur d'espoir pour une jeunesse de plus en plus ambitieuse" in *Développement économique et emploi en Afrique francophone, L'entrepreneuriat comme moyen de réalisation*, Observatoire de la Francophonie Economique (OFE), Presse de l'Université de Montréal.
- BOUTARY M. et al, (2014). "Accompagner l'entrepreneur dirigeant de PME : faut-il adapter les savoir sou les relations ?" *International SME Review*, 27 (3).
- BROWAEYS X. e CHATELAIN P. (2011). " Commune rurale ou commune urbaine : espace d'appartenance et catégorie de référence ", in *Étudier une commune. Paysages, territoires, populations, sociétés*, Paris, Armand Colin, "Collection U".
- FITZ K. et al. (2017). "Empreendedorismo no sector agrícola: Uma revisão da literatura e futuras oportunidades de investigação", in *Entrepreneurship Theory and Practices*, vol. 41, n° 1.
- JOUHARI N. (2017). "Empreendedorismo: o que é?" in *Formação ICI.*
- JUUKO B. (2022). "Entrepreneuriat agricole: quelques clés pour développer le potentiel des zones rurales d'Afrique" in *Entreprenante Afrique,* Penser et agir pour l'entrepreneuriat en Afrique.

RELATÓRIOS E NOTAS

- INSD (2019). e"Fichier des localités du 5 RGPH".
- INSEE (2022), Instituto Nacional de Estatística e Estudos Económicos, "Commune rurale".
- KARAMBIRI A. (2024). *Prévention et gestion des conflits de travail à l'Institut d'Education et de Formation Professionnelle (INEFPRO) à Ouagadougou (Burkina Faso)*, Tese de Mestrado Profissional, Institut Africain des Industries Culturelles, 2024.
- OUATTARA D. (2020). *La coopération suisse au développement au Burkina Faso dans le domaine de la formation professionnelle de 1996-2016*, tese de mestrado, Université Ouaga1, Pr Joseph Ki-Zerbo, Département Histoire et Archéologie.
- OUEDRAOGO M. et al (2009), *Les capacités des communes rurales au Burkina Faso : Naviguer entre l'apprentissage et le pré-requis,* Groupe de Recherche Action sur le Foncier

(GRAF), Réseau Décentralisation Burkina (RDB) e Royal Tropical Institute (KIT), 2009.

- PPEA (2015), "Transformação socioeconómica das zonas rurais do Benim", *Relatório de actividades a 31 de dezembro de 2014.*
- ZONGO A. (2021), Rapport opérationnel et financier des activités du CEG de Bassemyam.

OBRAS

- DUDDAL (2023), *Guide du formateur, Entrepreneuriat agricole*, 2023.
- LEGER J. et al (2016), *Open book Entrepreneuriat*, Paris, Dunod.
- NKAKLEU R. et al (2023). *Comprendre les facteurs d'échec de l'accompagnement entrepreneurial agricole. Le cas de jeunes entrepreneurs par nécessité au Cameroun*, XXXIIe conférence de l'AIMS.
- TIBIRI D. (2023), *Techniques d'expressions écrites,* Editions DAMEL, 2023.

WEBOGRAFIA

- Notícias locais (2022), *Promoção do empreendedorismo agrícola e da educação financeira no ambiente escolas: experiência dos alunos no CEG de Bassemyam.* https://www.eda.admin.ch/countries/burkinafaso/en/home/news/news.html/content/countries/burkina-faso/en/meta/news/2022/6/Promotion-de-l-entreprenariat-agricole-et-l- education-financiere-en-milieu-scolaire acedido em 5 de julho de 2024.
- CNRTL (2012), Centre National des Ressources Textuelles et Lexicales "Definição de cooperação". https://www.cnrtl.fr/lexicographie/coopération consultado em 28 de junho de 2024.
- CNS-BF (2009), Conseil National de la Statistique du Burkina Faso, "Commune rurale". http://cns.bf/spip.php?article186 consultado em 28 de junho de 2024.
- SDC (2021), *Programme de Coopération suisse au Burkina Faso 2021-2025,* Berna. https://www.eda.admin.ch/deza/fr/home/pays/burkina-faso.html e https://www.eda.admin.ch/countries/burkina-faso/fr/home/representations/bureau-cooperation.html?g=0587378cb8974dde7700e94ec3f90e86 consultado em 5 de julho de 2024.
- Fiches Pratiques Chef d'Entreprise (2016). "Comment promouvoir son entreprise". https://fiches-pratiques.chefdentreprise.com/Thematique/marketing-vente 1052/Guide/Comment-promouvoir-son-entreprise-305113.htm acedido em 28 de junho de 2024.
- HELVETAS Burkina Faso, (2024), "Promouvoir l'entrepreneuriat agricole". https://www.helvetas.org/fr/burkinafaso/ce-qu-on-fait/comment-on-travaille/nos-

projets/afrique/burkina-faso/BurkinaFaso_PAPEA consultado em 28 de junho de 2024.IFFAfrique (2024), "Entrepreneuriat agricole". http://iffafrique.org/entrepreneuriat-agricole/ consultado em 28 de junho de 2024.

- LONG Donald (2004), *Introduction à la recherche : les techniques de recherche,* Centre de Recherche et de Développement en éducation (CRDE), Université de Moncton, N.B., Canada E1A 3E9. Canadá E1A 3E9 (506) 858-4886, 2004.
https://fr.scribd.com/document/494851456/Module-1 consultado em 30 de junho de 2024.
- OIT (2022). "L'OIT se mobilise pour promouvoir l'entrepreneuriat agricole", 2022.
https://www.ilo.org/fr/resource/news/loit-se-mobilise-pour-promouvoir-lentrepreneuriat-agrícola consultado em 28 de junho de 2024.
- Sol-Vert (2022), Femme unies pour un envol vert, *Relatório de acompanhamento e avaliação (educação ambiental).*
- SumUp "Empreendedorismo - O que é o empreendedorismo? empreendedorismo ? ", 2024.
https://www.sumup.com/fr-fr/factures/termes-comptables/entrepreneuriat/ consultado em 28 de junho de 2024.
- Universidade da Paz (2018), "Seven steps to developing cooperation", 2018.
https://www.universitedepaix.org/7-etapes-pour-developper-la-cooperation-dans-un- grupo consultado em 28 de junho de 2024.

APÊNDICE

Organigrama da Suíça no Burkina Faso

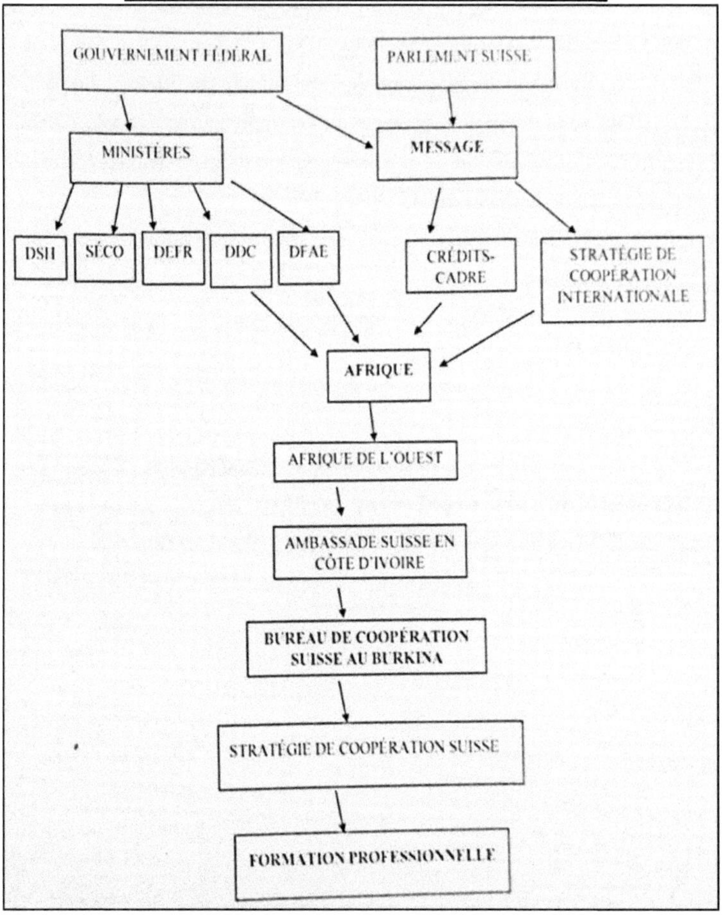

Fonte: Daouda Ouattara (2020)

Questionário

Olá a todos, envio-vos este questionário no âmbito da minha dissertação de mestrado profissional em Gestão de Projectos. O tema da dissertação *é: "A contribuição da cooperação suíça na promoção do empreendedorismo agrícola no CEG de Bassemyam (distrito rural de Komsilga)"*. Gostaríamos de deixar claro que este questionário é anónimo. Pretendemos apenas recolher informações sobre a contribuição da cooperação suíça para a promoção do empreendedorismo agrícola. Gostaríamos de agradecer a vossa compreensão, a vossa disponibilidade, o tempo que dedicaram ao preenchimento do questionário e, finalmente, a sinceridade das vossas respostas.

Indicação do estado: ....

---

1) Qual é o seu conhecimento s o b r e o empreendedorismo agrícola e a sua importância na sua região?

- Com experiência
- Apenas algumas noções
- Não sei nada sobre o assunto

2) Participou em iniciativas ou programas relacionados com o empreendedorismo agrícola na escola ou fora dela?

- Sim
- Não

Se sim, quais? ....

3) Que tipos de competências ou conhecimentos considera importantes para ter sucesso no empreendedorismo agrícola?

- Competências técnicas
- Competências intelectuais
- Aptidões físicas

4) Como é que acha que o empreendedorismo agrícola pode contribuir para o desenvolvimento da sua comunidade?

....

5) Quais são, na sua opinião, os principais desafios que os agricultores enfrentam na sua região?

6) Que apoio ou ajuda considera necessária para incentivar mais jovens a envolverem-se no empreendedorismo agrícola?

....

7) A cooperação suíça presta-lhe esta ajuda?

- Sim
- Não
- Não sei

8) Qual é a natureza da contribuição da Coopération Suisse?

- Recursos materiais
- Recursos financeiros
- Recursos técnicos
- Mercados internacionais

9) De um modo geral, como mede a eficácia e os resultados das acções de cooperação local?

- Muito eficiente
- Moderadamente eficaz
- Ineficaz

Explicar: ....

10) Se tivesse de classificar a contribuição da Cooperação Suíça para o desenvolvimento do empreendedorismo agrícola nos CEG, como a classificaria?

- Excelente
- Ótimo
- Justo
- Insuficiente
- Mau

11) Tem algo a acrescentar sobre a contribuição da Cooperação Suíça para o desenvolvimento do empreendedorismo agrícola no CEG de Bassemyam?

....

Obrigado pela vossa colaboração

Guia de entrevista

Este guião de entrevista faz parte da investigação que estou a fazer para a minha dissertação de Mestrado2.

O objeto da investigação em questão intitula-se: ***"A contribuição da Cooperação Suíça para a promoção do empreendedorismo agrícola no CEG de Bassemyam (comuna rural de Komsilga)".*** O objetivo deste guião de entrevista é permitir-nos obter de si as informações necessárias para a realização do nosso estudo.

Gostaríamos de agradecer a sua compreensão, a sua disponibilidade e o tempo que nos concedeu para esta entrevista.

Cargo ocupado pelo inquirido :
....

1) Tipo

- Mulher
- Homens

2) O seu grupo etário

- Entre os 18 e os 30 anos
- Entre 31 e 40 anos
- Mais de 40 anos

3) O seu tempo de serviço na Coopération Suisse

- Menos de um (1) ano
- Entre um (1) e cinco (5) anos
- Entre seis (6) e dez (10) anos de idade
- Mais de dez (10) anos

4) Pode descrever a sua função na empresa?

....

....

....

5) Há quanto tempo trabalha com *o CEG Bassemyam*?

- Menos de um (1) ano
- Entre um (1) e cinco (5) anos
- Entre seis (6) e dez (10) anos de idade
- Mais de dez (10) anos

6) Poderia descrever em termos gerais os principais obstáculos que os agricultores enfrentam em Bassemyam?

- Obstáculos ligados às competências técnicas
- Obstáculos ligados à fertilização dos solos
- Obstáculos ligados ao equipamento adaptado
- Obstáculos relacionados com o clima

Outros: ....

7) Que programas ou projectos específicos foram implementados pela cooperação suíça nesta região para apoiar o empreendedorismo agrícola?

....

8) Qual foi a contribuição destes programas para o desenvolvimento económico e social da COOPERATION SUISSE?

- Ao permitir-lhes
-
-
-

9) Proporcionou formação técnica adequada aos alunos do CEG *Bassemyam?* ?

- Sim
- Não

10) Em caso afirmativo, como classificaria a eficácia desta formação?

- Muito eficiente
- Moderadamente eficaz
- Inadequado

Explicar :

....

11) Que tipo de contribuições oferecem aos agricultores?

- Recursos materiais
- Recursos financeiros
- Recursos técnicos
- Mercados internacionais

Explicar :

....

12) Considera que a sua cooperação com o CEG *de Bassemyam* é crucial para o sucesso das suas culturas?

- Sim
- Não
- Não sei

Explicar ....

13) De um modo geral, como mede a eficácia e os resultados das suas iniciativas de cooperação no âmbito do CEG *Bassemyam*?

- Altamente eficaz
- Moderadamente eficaz
- Ineficaz

Explicar :

....

14) Quais são as perspectivas futuras para a cooperação suiça no apoio ao empreendedorismo agrícola no CEG em *Bassemyam*?

....

....

....

15) Se tivesse de classificar a cooperação entre a Cooperação Suíça e os beneficiários do Bassemyam CEG em termos das implicações para ambas as partes, como a classificaria?

- Excelente
- Ótimo
- Justo
- Insuficiente

- Mau

16) Que recomendações tem para melhorar os resultados entre a cooperação suiça e o CEG *Bassemyam*?

....

....

....

17) O que tem a acrescentar à questão da contribuição da cooperação suiça para a promoção do espírito empresarial agrícola no CEG de *Bassemyam?*
?

....

....

....

Obrigado pela vossa colaboração

Foto 1: Actividades de jardinagem

Os alunos do CEG *de Bassemyam* prestam muita atenção às instruções

A delegada estudantil e os seus amigos cuidam dos seus canteiros de melancias e alfaces

Os alunos praticam a colocação de planos no solo

Fonte: OUIBGA Ibrahima, dezembro de 2023.

Foto 2: Membros da comunidade educativa e actores locais

Pessoal do CEG e actores locais de *Bassemyam*

Representante do pessoal à esquerda, Presidente do CVD e Presidente da APE à direita

O reitor da aldeia (em baixo, à esquerda), os conselheiros locais (em cima), o presidente do CVD (ao lado do chefe), um aluno (ao lado do presidente do CVD) e o diretor do CEG (em baixo, à direita da fotografia) plantam a "árvore da comunidade".

Fonte: OUIBGA Ibrahima, dezembro de 2023.

<u>Mapa 2</u>: Condições climáticas em e *Bassemyam* na década de 1990

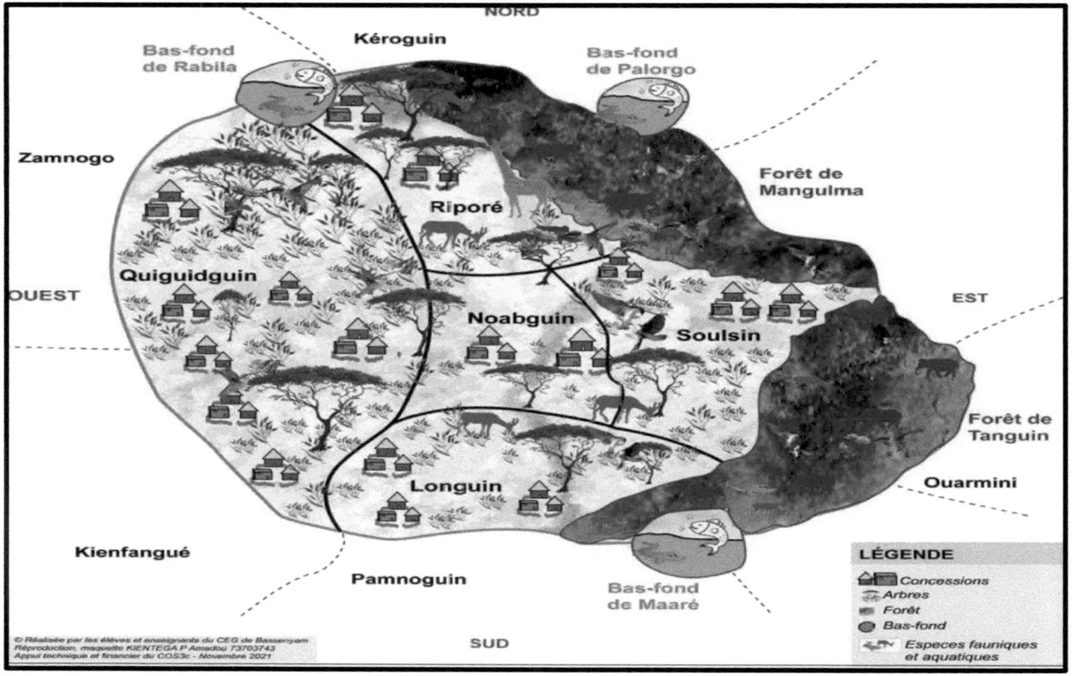

<u>Mapa 3</u>: Condições climáticas em *Bassemyam* em 2021

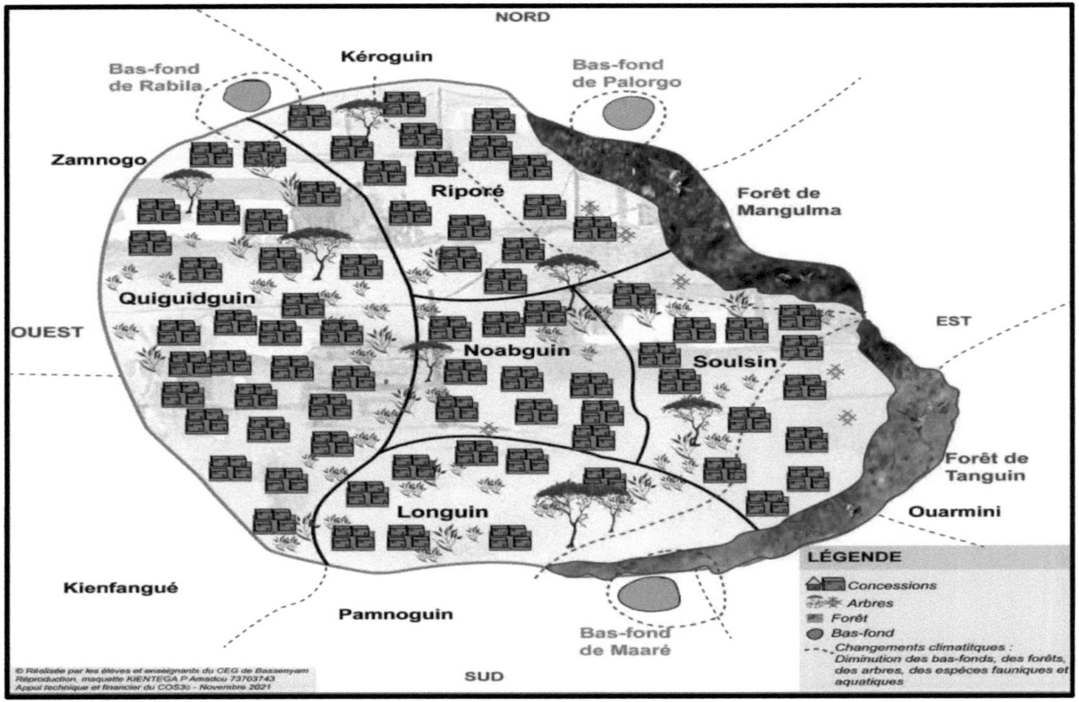

More Books!

yes I want morebooks!

Buy your books fast and straightforward online - at one of world's fastest growing online book stores! Environmentally sound due to Print-on-Demand technologies.

Buy your books online at
www.morebooks.shop

Compre os seus livros mais rápido e diretamente na internet, em uma das livrarias on-line com o maior crescimento no mundo! Produção que protege o meio ambiente através das tecnologias de impressão sob demanda.

Compre os seus livros on-line em
www.morebooks.shop

info@omniscriptum.com
www.omniscriptum.com

OMNIScriptum

MIX
Papier aus verantwortungsvollen Quellen
Paper from responsible sources
FSC® C105338

Printed by Books on Demand GmbH, Norderstedt / Germany